Behruzjon OMANOV

QUÍMICA GERAL

Behruzjon OMANOV

QUÍMICA GERAL

LIVRO

ScienciaScripts

Cover image: www.ingimage.com

This book is a translation from the original published under ISBN 978-620-7-65100-9.

Publisher:
Sciencia Scripts
is a trademark of
Dodo Books Indian Ocean Ltd. and OmniScriptum S.R.L publishing group

120 High Road, East Finchley, London, N2 9ED, United Kingdom
Str. Armeneasca 28/1, office 1, Chisinau MD-2012, Republic of Moldova, Europe
Printed at: see last page
ISBN: 978-620-8-23730-1

Conteúdo

A Química Geral, estudada nas Escolas Secundárias Académicas e nas Escolas Secundárias, é um curso abrangente que inclui as secções tradicionais de Química Geral - conceitos e leis fundamentais, com conceitos modelo de estrutura atómica e ligação química, energia e velocidade de reação química, equilíbrio químico, soluções e dissociação electrolítica, bem como elementos de química analítica, física e coloidal.
O livro de texto implica a realização de experiências com reagentes químicos e é efectuado num laboratório especialmente equipado. Para preparar um livro de texto, o estudante deve, em primeiro lugar, trabalhar de forma autónoma o material teórico, compreender os objectivos do trabalho e familiarizar-se com os métodos de experimentação química.
O manual "Química Geral" destina-se aos alunos dos liceus académicos para dominar e consolidar a matéria teórica e utilizar os conhecimentos adquiridos nas aulas de laboratório.
Revisores: 1. Hasan Soyibnazarovich Beknazarov - Professor de
Instituto de Investigação Científica de Tecnologia Química de Tashkent, Doutor em Ciências Técnicas
2. Ahadov Mamurjon Sharipovich - professor associado do departamento de química, professor assistente do Instituto Pedagógico Estatal de Navoi, doutor em ciências pedagógicas

INTRODUÇÃO

Exige a utilização racional de métodos e meios eficazes de educação, publicidade e propaganda, a fim de inculcar na mente dos estudantes a estratégia de desenvolvimento independente do Usbequistão, os objectivos do povo usbeque de construir um grande Estado e o significado da ideologia da independência nacional. Uma das suas tarefas consiste em refletir profundamente as ideias da ideologia da independência nacional nos programas educativos, nos livros de texto e nos manuais. Com base nas tarefas atribuídas, utilizar técnicas e tecnologias modernas ou transmitir a ideia de independência nacional à geração jovem, consciente das últimas realizações da ciência e tecnologia de nível mundial e da experiência e tecnologias avançadas, competitivas, próprias O estudo aprofundado da "Química Geral", que é uma das principais disciplinas do bloco "Matemática e Ciências Naturais", é importante para a formação de engenheiros e engenheiros-educadores com conhecimentos científicos e práticos.

O material do manual é apresentado tendo em conta as direcções promissoras da ciência e da indústria "química" na nossa república, as leis e os conceitos básicos da química, as ideias modernas sobre a estrutura dos átomos e das substâncias, a lei periódica e o sistema periódico dos elementos. As leis dos processos químicos, os não metais, os metais e as suas propriedades são descritos em pormenor. No final de cada aula são colocadas questões para verificação do tema. Entre estas, a "Geral" dos alunos pode ser utilizada para verificar os conhecimentos adquiridos no domínio da química.

Neste curso teórico, destinado a estudantes de graduação de várias faculdades de instituições de ensino superior, as conquistas da ciência e tecnologia modernas, novas reacções e processos químicos são apresentados com a ajuda de vários esquemas, tabelas, gráficos.

O lugar, o papel e a importância da química no sistema das ciências são explicados na parte introdutória do manual. Também são dadas informações interessantes sobre os trabalhos científicos dos nossos grandes cientistas e académicos, as suas obras, reacções e processos estudados. Os sistemas de medida e as unidades, os símbolos e as suas definições são apresentados em pormenor. A teoria atómico-molecular, a mecânica quântica, a sua estreita relação com a lei periódica e o sistema, a ligação química, a estrutura molecular, as leis da termodinâmica, a cinética química e as secções de equilíbrio são explicadas de forma aprofundada e significativa. A relação dos processos electroquímicos com as reacções de oxidação-redução, a química dos compostos complexos, as soluções e outros tópicos são também abordados.

Cada tema tem o seu próprio objetivo, exercícios práticos e questões de revisão. Na secção de química inorgânica, a química dos elementos, a sua aquisição, as propriedades físico-químicas, os domínios de aplicação, a importância teórica e prática são enriquecidos com novas informações.

Novas grandes empresas químicas construídas e em construção no Usbequistão, informações sobre cientistas e industriais que contribuíram para o desenvolvimento da ciência e da tecnologia.

CAPÍTULO I

COMPREENSÃO DA QUÍMICA

1.1. O lugar e o papel da química no sistema científico

A química é uma das ciências que nos ensina sobre a natureza e explica as relações entre objectos, acontecimentos e processos de acordo com determinadas leis. O mundo que nos rodeia existe independentemente da consciência humana. É uma ciência que surgiu da representação de várias formas de matéria em movimento.

Toda a existência é constituída por matéria e rodeia-nos. A matéria existe de várias formas, sob a forma de um número infinito de objectos e sistemas no mundo, como base de todas as propriedades, relações, ligações e acções. A matéria inclui não só objectos ou partes que podem ser vistos diretamente na natureza, mas também coisas que podem ser identificadas no futuro através do crescimento do progresso científico e tecnológico. Os acontecimentos e processos que ocorrem à nossa volta são manifestações do movimento da matéria.

A matéria tem uma série de propriedades e a unidade material do mundo também se reflecte nestas propriedades da matéria. Entre as propriedades da matéria estão o facto de não ser criada por ninguém, de não desaparecer, de existir para sempre no tempo e no espaço e de as suas estruturas serem inesgotáveis. As formas de movimento da matéria são diferentes. Incluem o aquecimento e o arrefecimento dos corpos, a transformação, a fusão da neve em água, a transformação da água em gelo, a conversão da energia química em energia eléctrica, a energia térmica libertada em alguns processos em energia química, os fenómenos espaciais, os processos biológicos. Estas rotações e mudanças indicam a unidade e a ligação contínua de várias formas de movimento da matéria. A transição de uma forma de movimento para outra é a lei fundamental da natureza - a matéria e a lei da eternidade do seu movimento.

A química é o estudo da transformação das substâncias. Neste contexto, qualquer forma de matéria com determinadas propriedades físicas, como a água, o ferro, a rocha, a areia, o oxigénio, o azoto, etc., é designada por substância em química. O alumínio é um metal leve e prateado com uma densidade de 2,7 g/cm^3 , cristaliza numa estrutura cúbica de face centrada, funde a 658,6°C e ferve a 2447°C. Todas estas são propriedades físicas caraterísticas do alumínio.

Um pedaço de matéria confinado no espaço é designado por corpo. É um termo utilizado num sentido mais restrito do que substância, significando algo específico. Exemplos de objectos são colheres de alumínio, facas, pratos, peças de avião, arame ou materiais de construção. O termo substância é genérico em relação ao conceito de corpo. Atualmente, as substâncias são estudadas em quatro grupos. São eles as partículas elementares, as substâncias simples, as substâncias complexas (ou compostos químicos) e as misturas.

As partículas elementares incluem electrões, protões, neutrões, positrões, neutrinos, mesões, etc., e o seu número é superior a 100. Uma substância simples é uma forma de um elemento químico que pode existir livremente, e essa substância é composta

principalmente por um elemento. O seu número é de cerca de quinhentos.
Os compostos ou compostos químicos são formados como resultado da interação de dois ou mais elementos em determinadas proporções. Estas substâncias caracterizam-se pela sua ampla distribuição.
As misturas são das substâncias mais comuns na natureza. Diferem dos compostos químicos nas suas propriedades. A quantidade de uma substância nalgumas misturas não pode ser determinada mesmo ao microscópio. Exemplos de misturas são as rochas, as pedras de lama e os recursos minerais.

1.2. Uma breve história da química

Há 5-6 mil anos, as pessoas conheciam o ouro, a prata e o cobre e, mais tarde, extraíam-nos dos minérios e utilizavam-nos para fazer bronze. Há 4.500 anos, as pessoas sabiam como fazer vidro, vinho, vinagre, couro medicinal e cerâmica. Há 2000 anos, aprenderam a extrair o ferro do minério.
Há informações de que os primeiros fundamentos da química foram criados nos países do Oriente, na China, na Índia e no Egito.
Desde o século IX, os cientistas têm vindo a explorar a prática da química. Jabr ibn Khayyam, Farabi da Ásia Central, Abu Raikhan Beruni, Musa Khorezmi, Abu Ali ibn Sina e outros são conhecidos e famosos no mundo no domínio da química. Beruni tem mais de 150 obras, a maioria das quais relacionadas com minerais. No século XVII, o cientista Robert Boyle designou por elementos as substâncias simples formadas pela decomposição de substâncias complexas e introduziu o seu verdadeiro significado na ciência. O grande cientista M.V. Lomonosov descreveu pela primeira vez a química como a ciência das "mudanças num corpo misto" e criou a teoria corpuscular da estrutura da matéria, lançando as bases para a moderna teoria atómico-molecular. Estava muito à frente dos seus contemporâneos. M.V. Lomonosov realizou muitas experiências no seu laboratório e, como resultado, em 1748, descobriu a lei da conservação da massa (peso): A massa (peso) dos reagentes é igual à massa (peso) das substâncias formadas como resultado da reação. V.M. Lomonosov provou esta lei nas suas experiências sobre a combustão de metais em ampolas fechadas.
Quarenta anos mais tarde, a lei da conservação da massa foi novamente confirmada pelo cientista francês Lavoisier nas suas experiências. Provou que, nas reacções químicas, não só a massa total das substâncias é conservada, mas também a massa de cada elemento na composição das substâncias em interação. Em 1905, A. Einstein demonstrou que existe uma relação entre a massa de um corpo (m) e a sua energia (E), expressa pela seguinte relação

$$E = mc^2$$

onde c é a velocidade do núcleo no vácuo, 2,997925.10580ms-10 (ou cerca de 300.000 km.s). Esta é conhecida como a equação de Einstein, que afirma que os corpos macroscópicos e as micropartículas (electrões, protões e outros) são iguais.
A criação da teoria da estrutura por AM Butlerov em 1861 e o anúncio do sistema periódico dos elementos por DIMendeleev em 1869 deram um contributo inestimável para o desenvolvimento da química. Após estas descobertas, mais de 40 novos

elementos foram descobertos, milhares e milhares de novas sínteses foram efectuadas e foram criados compostos com propriedades surpreendentes que a natureza não tinha criado. Polímeros não inflamáveis, fertilizantes orgânicos e minerais que aumentam o rendimento das colheitas, dezenas de herbicidas utilizados contra pragas agrícolas, produtos farmacêuticos, vestuário sintético, cabos e fios subaquáticos foram todos criados quimicamente.

Desde a década de 1940, a produção de milhões de toneladas de amoníaco, que é a base da indústria de fertilizantes, e a criação de muitos cimentos, materiais de construção, preparações médicas e agrícolas no nosso país foram possíveis graças às decisões do Partido e do nosso governo. É difícil nomear uma indústria que não utilize atualmente os produtos da indústria química.

O rápido desenvolvimento da ciência e da indústria química está a ter um efeito positivo no desenvolvimento de outras regiões do Uzbequistão. Várias grandes associações de produção química, dezenas de fábricas, oficinas e empresas produzem diversos produtos. Os produtos destas empresas são conhecidos e famosos no estrangeiro. Os problemas químicos são resolvidos em 5 institutos de investigação química, faculdades, departamentos e organizações científicas sectoriais de instituições de ensino superior situadas na nossa república.

O Comissário estabeleceu as tarefas de um maior desenvolvimento da química no nosso país e de uma utilização efectiva das suas realizações. É necessário continuar a aumentar a capacidade das empresas químicas, melhorar a qualidade dos produtos e utilizar na prática os resultados da química para aumentar os produtos alimentares. Aumentar a eficiência da utilização do gás natural, carvão, petróleo, condensados e outras matérias-primas. A biotecnologia será desenvolvida, será aberto um vasto caminho para a tecnologia sem resíduos, a produtividade dos produtos animais, a produtividade das culturas agrícolas e a produção de produtos químicos que encherão a nossa mesa aumentarão de importância. Em suma, as conquistas da química serão utilizadas de forma cada vez mais eficaz em todos os domínios da economia.

1.3. Sistema de medidas e unidades

Lavoisier demonstrou a importância das medições quantitativas. Atualmente, são utilizadas diferentes ferramentas para encontrar medidas quantitativas. Os padrões utilizados na ciência são expressos no sistema métrico de unidades. Na prática, utiliza-se o sistema métrico e as unidades dele derivadas. Atualmente, são internacionalmente aceites.

O "Sistema de Unidades Internacionais" - SI (Sistem Intep Hationite-SI) é um sistema universal de grandezas físicas para todos os domínios da ciência e da tecnologia. É apresentado nos quadros 1, 2 e 3.

Tabela 1. Unidades básicas e definição do sistema SI

Grande nome	**Símbolo da unidade**	**Descrição**
Massa molar	kg/mol	A massa molar de uma substância na quantidade de 1 mol m

Volume molar	m Nmol	1 m^3 volume
Efeito térmico da reação química	J	O efeito térmico produzido na quantidade de energia equivalente a 1 J como resultado de várias reacções químicas
Energia interna molar	J/mol	A energia de 1 mole de substância com uma energia interna de 1 J
Entalpia molar	J/mol	Entalpia equivalente a 1 J de energia de 1 mole de substância química
Potencial químico	J/mol	Potencial químico equivalente a 1 J de energia de 1 mole de substância
Suscetibilidade química	J/mol	A tendência química de *um* mol de matéria para se manifestar numa quantidade equivalente a 1 J de energia
Energia de ativação	J/mol	Energia de ativação equivalente a 1 J de energia no processo de reação química de 1 mole de substância
Capacidade de densidade térmica molar	J/mol.K	A capacidade térmica é de 1 J/K | | Capacidade térmica molar de 1 mol de substância.
Entropia molar	J/mol.K	A entropia é a entropia molar de 1 mole de substância equivalente à capacidade calorífica de 1 J/K
Concentração de massa	kg/^{m}	A concentração de uma solução com uma massa de 1 kg de substância num volume de 1 m ^{z}
Concentração percentual	%	Quantidade de substância química dissolvida em 100 g de solução, expressa em gramas
Concentração molar	mol/1	Uma solução formada pela dissolução de 1 mole de uma substância em 1 litro de solvente
Concentração molar	mol/kg	Uma solução formada pela dissolução de 1 mole de substância em 1 kg de solução
Concentração normal	Eq/m ^{z}	A concentração de uma solução que contém 1 substância equivalente em 1 $m^{z\ volume}$
Pressão osmótica	Pa	Pressão osmótica equivalente à pressão de 1 Pa em semicondutores
Coeficiente de difusão	m 2/s	Coeficiente de difusão de uma partícula que passa através de uma superfície de 1 m^2 em 1 s quando o gradiente de concentração é de 1 m $_{-4}$
A velocidade de uma reação química	mol/m^z ,s	Uma substância química monomolecular cuja concentração molar inicial na solução varia 1 mol/m^z em 1 s . a velocidade média da reação
Atividade catalítica	mol/kg.s	A velocidade de reação à qual a concentração molar inicial da solução varia em mol/kg em 1 s
Momento de dipolo	Kl.m	Uma força eléctrica capaz de gerar um binário mecânico num campo elétrico uniforme de igual intensidade
Polaridade	Kl.m^2 /V	Tensão eléctrica que pode afetar uma ^{superfície} de 1 ^{m2}
Potencial de oxidação-redução	V	A energia produzida quando 1 mole de substância sofre uma reação de oxidação
Liga intensiva de	W/m^2	Im^2 superfície tinha uma intensidade de 1 W quando a

radiação		radiação incide
Densidade do fluxo quântico	S- -lm2	2 superfície perpendicular ao fluxo O número de quanta que passam em 1 s
Carga eléctrica elementar	Cl	e é o valor da carga múltipla obtida a partir da carga elementar do eletrão
Energia de ligação	J	A energia necessária para quebrar uma ligação química
Y uma era de declínio	S	O tempo que demora um átomo a decair para metade do seu tamanho original

Quadro 2. Dimensão do sistema de medição

Adicional	Designação	Quantidade de número	Exemplos
Mega	M	10^6	1 mega metro (Mm)=1· 10^6 m
Quilo	K	10^z	1 quilómetro (km)=1· 10^z m
Deci	D	10-^1	1 decímetro (Dm)= 0,1 m
Santi	S	10-^2	1 centímetro (cm)=0,01 m
Nacional	M	10-^z	1 milímetro (mm)=0,01 m
Micro	MK	10-^6	1 micrómetro (pm)=1· 10^6 M
Nano	N	IO^9	1 nanómetro (nm)=1· 10^{9} M
Pico	P	10-12_	1 picómetro (pm)=1· 10^{12} m

Tabela 3. Quantidades e sinais de algumas grandezas físico-químicas

Nome grande	Magnitude quantidade e sinal
Unidade de massa atómica	1 mab= 1,66057 - 10-27 kg _ 6,022169.10^{2Z} Mab = 1 kg
Carga do eletrão	£=1.6022.10-$^{19\ K}$
Massa do protão	m $_{r=100728}$ Mab=1,67265.10-24 ^{g}
Massa dos neutrões	m $_{n}$ =1,00866 mab=1,67495.10-24 ^{g}
Massa do eletrão	5.48580.10=4 mab=9.1095Z - 10-24g _
Constante molar do gás	8,3144 J/K mol=0,08205 l.atm/K.mol
Constante de Bolsman	1.38066 .IO-23 $^{J/K}$
Constante de Planck	6,6262 AO-34 JS . -
Constante de Faraday	9.6485.10 Kk/mol^4
A velocidade da luz no vácuo	s=2,997925.10 m/s^8
Número de Avogadro	N $_A$ =6,022045.10 2^3 mol^{-1}
я número (pi)	я =3.1415926536

1.4. Teoria atómico-molecular

Introduziu os princípios da teoria atómico-molecular na química. No seu artigo "Elements of Mathematical Chemistry" (1741), publicou a teoria corpuscular da estrutura da matéria. Esta teoria é importante para o desenvolvimento da química. (A palavra "corpuscular" corresponde ao termo moderno "molécula"). Segundo o cientista, todas as substâncias são constituídas por pequenas partículas fisicamente indivisíveis e que se atraem mutuamente. As propriedades da matéria, em particular o seu estado agregado, são determinadas pelas propriedades dessas partículas, ou seja, a

variedade de propriedades das substâncias depende das diferentes propriedades das partículas e da forma como estão ligadas entre si.
Segundo a teoria atómico-molecular, toda a matéria é constituída por "corpos celulares", separados pelo espaço e em constante movimento: os corpos são, por sua vez, constituídos por "elementos" (pensamos nos átomos), que têm uma massa e um tamanho definidos; os corpos das substâncias simples são compostos pelos mesmos elementos, enquanto os das substâncias complexas são compostos por elementos diferentes. Os corpúsculos estão em movimento como qualquer outro corpo mecânico. Foi explicado que os fenómenos de aquecimento ou arrefecimento dos corpos ocorrem como resultado do movimento dos corpúsculos. Uma vez que a mudança da matéria é explicada pelo movimento dos corpúsculos, argumentou-se que as mudanças químicas deveriam ser estudadas por métodos físicos e matemáticos, bem como por métodos químicos. As ideias avançadas por Lomonosov foram plenamente comprovadas com base em experiências quantitativas precisas, realizadas mais tarde com a ajuda de novos instrumentos e equipamentos, e com base em provas científicas obtidas pela ciência. As experiências de Lomonosov sobre o aquecimento dos metais É interessante que o cientista francês Antoine Lavoisier as tenha repetido em 1773 e que os dados obtidos tenham sido os mesmos. Lavoisier descobriu que o gás que reagia com o metal no recipiente era o oxigénio. O gás que não reagia chamava-se azoto. A descoberta do fenómeno da combustão por Lavoisier conduziu a uma compreensão correta de muitos fenómenos da química. Em primeiro lugar, foi um rude golpe para a teoria do flogisto. Os metais que se pensava serem constituídos por fuligem e flogisto revelaram-se substâncias comuns. Por outro lado, os kuyindi ou "terras" tiveram de ser considerados como compostos complexos. Depois provou-se que a água também é um composto complexo (é uma combinação de hidrogénio e oxigénio). Na prática, provou-se que o ar é constituído por oxigénio e azoto, e que o azoto não contribui para a combustão. A água, o ar e a fuligem, que antes se pensava serem elementos, revelaram-se substâncias complexas ou, pelo menos, misturas. Os verdadeiros elementos são os metais, o oxigénio, o azoto, o hidrogénio, o enxofre, etc. São substâncias quimicamente inseparáveis.
A. Lavoisier complementou os ensinamentos de M.V. Lomonosov e, apesar do seu grande trabalho científico, considerou o calor como um elemento "sem peso" (nos termos actuais, sem massa), chegando ao ponto de lhe chamar "termorodo" e de o incluir na lista dos elementos. Trata-se, evidentemente, de um erro.
Meio século após o trabalho de Lomonosov, o cientista inglês J. Dalton, com base na sua investigação física e química, criou a teoria atomística da estrutura da matéria. De acordo com esta teoria, a matéria é constituída por partículas extremamente pequenas - átomos, que não podem ser divididos em partículas mais pequenas: cada elemento químico é constituído apenas pelos seus próprios átomos "simples", que são diferentes dos átomos de outros elementos; isto é, o átomo de cada elemento tem a sua própria massa e tamanho; durante uma reação química, os átomos "simples" de diferentes elementos combinam-se entre si em proporções inteiras exactas e imutáveis para

formar átomos "complexos": apenas os átomos com propriedades diferentes podem combinar-se entre si, e os átomos do mesmo elemento podem também misturar-se entre si; não reagem quimicamente uns com os outros, apenas se evitam.

Descobriu a pressão parcial dos gases e a lei das proporções múltiplas. Definiu claramente o conceito de elemento químico: "Um elemento químico é um tipo de átomo caracterizado pelas mesmas propriedades".

Dalton introduziu o conceito de "massa atómica" na química, sugerindo que a massa atómica do hidrogénio deveria ser assumida como condicionalmente igual a um.

Cometeu um grande erro ao negar a existência de moléculas de substâncias simples. Pensou que um átomo de um elemento se combinava com apenas um átomo de outro elemento. Neste caso, a fórmula da água teria de ser constituída por um oxigénio e um hidrogénio (OH) e a fórmula do benzeno teria de ser constituída por um carbono e um hidrogénio (CH). Uma fórmula mais complexa teria impossibilitado a escrita dos ácidos sulfúrico e nítrico, do mármore, dos minerais, do açúcar e da celulose. Este foi o segundo grande erro de Dalton e a falha do seu ensino. A este respeito, reconhecemos que a superioridade da teoria de M.V. Lomonosov sobre a de Dalton é reconhecida em todo o mundo.

1.5. Elementos simbólicos

Um elemento químico é um componente de substâncias simples e complexas, e cada elemento químico é constituído por um conjunto de átomos com a mesma carga nuclear. Atualmente, são conhecidos mais de 120 elementos químicos, dos quais 89 ocorrem naturalmente e os restantes são produzidos artificialmente em resultado de reacções nucleares.

Definição de D.I. Mendeleev: "Um elemento químico é um tipo de átomo que faz parte de substâncias simples e complexas e tem uma massa atómica conhecida".

A relação entre os elementos é apresentada na tabela periódica. O número atómico de um elemento corresponde à carga nuclear expressa em unidades de carga protónica e numericamente ao número de protões no núcleo atómico. O número de neutrões no núcleo de um elemento pode ser diferente do número de protões. Por exemplo, o isótopo de hidrogénio trítio (3 T) tem um protão, dois neutrões e um eletrão.

Um átomo com um certo número de protões e neutrões no seu núcleo é chamado um nuclídeo. O número total de protões e neutrões no núcleo é designado por massa atómica.

A massa atómica relativa de um elemento químico é igual à massa média dos seus isótopos naturais, tendo em conta a sua distribuição na natureza. É normalmente expressa em unidades de massa atómica (mab). Para este efeito, foi considerado 1/12 da massa do nuclídeo atómico 12C. A unidade de massa atómica é cerca de 1,66057. Corresponde a 10-27 kg de elementos químicos que podem existir de forma independente na natureza - correspondendo ao conceito de substância simples. Os átomos de cada elemento químico têm estados de oxidação específicos nos seus compostos. Nas reacções químicas, estes elementos são preservados através da redistribuição dos electrões nas camadas exteriores dos átomos, enquanto o núcleo do

átomo permanece intacto.
Os elementos dividem-se em metais e não metais, 22 dos quais são elementos não metálicos (H, B, S, Si, N, P, As, O, S, Se, Te, halogéneos e gases inertes) e os restantes são metais. Em função dos níveis electrónicos, os elementos dividem-se em "s", "p", "d", "f". Muitos elementos químicos encontram-se também no universo.

1.6.. Substância pura e impurezas

Que milhares e milhares de substâncias no mundo são compostas por apenas 118 elementos conhecidos. Nem todos estes elementos podem ser essenciais. Os minerais extraídos do solo são constituídos principalmente por cinco elementos - oxigénio, silício, alumínio, ferro e cálcio. 90 por cento do corpo humano é constituído principalmente por três elementos - oxigénio, carbono e hidrogénio, mais cerca de 20 elementos que ocorrem em quantidades muito pequenas na natureza ou são extraídos em laboratórios, o que os torna difíceis de encontrar e raros.
O ouro puro, a prata e a platina ocorrem naturalmente. O carbono, o enxofre, o mercúrio e alguns outros elementos também ocorrem em forma relativamente pura. Os restantes elementos ocorrem na natureza principalmente como misturas e minerais.
Compreender os métodos modernos de purificação de substâncias. Os químicos trabalham frequentemente com misturas. Os métodos de filtragem, condução e cromatografia são utilizados para extrair substâncias puras de misturas.
O processo de separação de partículas sólidas de líquidos através de uma barreira fina com vários orifícios é designado por filtração. Esta é uma forma simples de remover a areia e o lodo da água potável. As diferentes solubilidades são também utilizadas para extrair substâncias de soluções. Por exemplo, para separar uma mistura de 10 g de sal de mesa e 10 g de bicarbonato de sódio, é necessário dissolvê-los em 100 ml de água aquecida a 70oC e depois arrefecer até 0oC. Quando a temperatura é reduzida, a solubilidade do sal de mesa permanece quase inalterada e o sal permanece em solução. Devido à baixa solubilidade da soda a baixas temperaturas, quase 9 g de sólidos são separados da solução a 0 oC. A solução é então filtrada para separar a soda.
O método de destilação baseia-se na diferença de volatilidade das substâncias. Para produzir água potável a partir da água do mar, a água é fervida durante um certo tempo. O vapor de água é recolhido (condensado) num outro recipiente. O sal permanece no fundo da panela. O líquido formado pela condensação do vapor de água é designado por destilado. As colunas de fracionamento são também utilizadas no método de condução. Este método é utilizado para separar líquidos que são difíceis de separar ou que têm pontos de ebulição próximos. Estas colunas são utilizadas para conduzir o petróleo. Dependendo da qualidade do óleo, a gasolina é separada a -60-150°C, o querosene a 150-250°C, o óleo lubrificante a 250-350°C. O gasóleo, o óleo de aquecimento, a vaselina e outros produtos são igualmente processados e fraccionados a uma temperatura específica. O alcatrão (betume) permanece como resíduo.
Atualmente, o método cromatográfico é amplamente utilizado para separar as substâncias contidas em várias misturas (misturas líquidas, misturas líquido-gás, etc.).

Este método baseia-se na propriedade de adsorção das substâncias em materiais sólidos inertes. Os aluminossilicatos, a inzenite, a pedra-pomes, o pó de porcelana, a areia e outros são utilizados como materiais inertes (sorventes). A quantidade desta ou daquela substância na mistura é determinada por cálculos baseados em cromatogramas obtidos de acordo com a taxa de adsorção das substâncias. A vantagem da análise cromatográfica é o facto de poder ser efectuada em segundos ou minutos. Este método é também utilizado para a análise e o controlo contínuos em instalações industriais. O método cromatográfico permite a determinação de todas as substâncias presentes numa mistura. O método cromatográfico, que determina 20-30 substâncias numa mistura em poucos minutos, é também designado por "método expresso". Ao mesmo tempo, a cromatografia em coluna, a cromatografia em papel e outros métodos são também utilizados na indústria.

1.7. Nomenclatura dos compostos inorgânicos

Atualmente, o enorme número de compostos químicos exige a sua designação precisa numa determinada ordem. Naturalmente, uma parte deles tem o seu próprio nome (por exemplo, água, amoníaco). Mas na designação de muitos compostos, são seguidas certas regras que permitem designar cada substância de forma informativa ou sistemática.

baseava-se na distinção entre compostos inorgânicos e orgânicos. Com o tempo, essa nomenclatura não conseguiu satisfazer a procura. Sabe-se também que as substâncias inorgânicas são mais frequentemente referidas à natureza inanimada, e as substâncias orgânicas à natureza viva. Na nomenclatura das substâncias inorgânicas, esses compostos são condicionalmente divididos em duas partes: "positivos" e "negativos". Os compostos iónicos são conhecidos por conterem átomos ou grupos de átomos com carga positiva e negativa.

Nestes, os iões existem como catiões e aniões. Os catiões simples são frequentemente formados por elementos metálicos. Recebem o nome do elemento. Por exemplo, Na^+ - ião de sódio, Ca^{2+} - ião de cálcio, Fe^{2+} - ião de ferro (+2), Fe^3 + - ião de ferro (+3), etc. Os aniões comuns incluem F^- - ião fluoreto, O^{2-} - ião oxigénio, S^{2-} - ião sulfureto, N^{3-} - ião nitreto, etc.

Quando os oxiânions têm menos oxigénio, o seu nome termina com o sufixo - it, quando têm mais - at: $NO2^-$ - ião nitrito; $SO^{-2}{}_3$ - ião sulfito; $NO^-{}_3$ - ião nitrato; $SO^{-2}{}_4$ - ião sulfato, $CO^{-2}{}_3$ - ião carbonato, $PO^{-3}{}_4$ - ião fosfato.

A antiga nomenclatura dos ácidos mantém-se. Estes são considerados como sendo compostos por um ião hidrogénio (ou vários iões) e um anião simples ou complexo. Se um ácido contém um anião simples, o seu nome será o indicado nos exemplos seguintes:

O ácido clorídrico (cloreto de hidrogénio) é formado a partir do anião Cl e o ácido sulfídrico (enxofre de hidrogénio) é formado a partir do anião s2 ·

Os ácidos essenciais recebem o nome de oxianiões. ClO^- - dá o ião hipoclorito, HClO - ácido hipocloroso. É por isso que o HClO3 se chama ácido clórico e o HClO4 se chama ácido perclórico. Se houver um ião de hidrogénio, acrescenta-se a palavra hydro. Por exemplo: $NaHSO_4$ - hidrogenossulfato de sódio, Na_2HPO_4 - hidrogenofosfato de sódio, NaH_2PO_4 - dihidrogenofosfato de sódio, etc. Se os compostos contiverem iões hidroxilo juntamente com o catião, acrescenta-se a palavra "hidroxo" depois de nomear o catião: Por exemplo: ZnOHCl - hidroxicloreto de zinco, $AlOHSO_4$ - hidroxossulfato de alumínio

CAPÍTULO II

LEIS ESTEQUIOMÉTRICAS BÁSICAS DE QUÍMICA. ENSINO DO ÁTOMO E DA MOLÉCULA .

2.1. A teoria atómico-molecular de M.V. Lomonosov

A ciência das substâncias químicas e das suas transformações, examina as alterações que delas resultam e as relações entre essas alterações. Em suma, é a ciência das substâncias químicas e das suas transformações.

Nas transformações químicas (reacções), obtêm-se, a partir das matérias-primas, produtos com diferentes composições e outras propriedades. A evolução dos processos químicos depende da composição das substâncias envolvidas na reação e da estrutura das partículas que as constituem. Por isso, é importante estudar a relação entre a estrutura das substâncias e a sua capacidade de reação. Realizamos processos químicos com um objetivo específico e podemos orientá-los na direção desejada e criar substâncias com as propriedades físicas, químicas, biológicas, etc. desejadas.

Desde há vários milhares de anos, as pessoas têm utilizado amplamente os fenómenos químicos na extração de metais de minérios, na preparação de ligas metálicas, no fabrico de vidro, etc. O cientista russo MV Lomnosov escreveu na sua obra "Duas palavras sobre os benefícios da química", publicada em 1751: "A química estende as suas mãos a todas as coisas relacionadas com as necessidades humanas. Para onde quer que olhemos, para onde não desviemos o olhar, em todo o lado, à frente dos nossos olhos, estão incorporadas as conquistas obtidas com a aplicação da química." A química é amplamente utilizada em todos os sectores da economia nacional.

Em 1741, MV Lomonosov descreveu a teoria atómico-molecular na sua obra intitulada "Elementos de Química Matemática" da seguinte forma:

1) Todas as substâncias são constituídas por "corpúsculos", que estão separados uns dos outros por um espaço intermédio. (O termo "corpúsculo" de Lomonosov tem o significado moderno de molécula);
2) Os corpúsculos estão em constante movimento;
3) Os corpúsculos são compostos por elementos (o conceito de elemento de Lomonosov tem o significado atómico atual);
4) Os elementos têm massa e tamanho específicos.
5) Os corpúsculos de substâncias simples são constituídos pelos mesmos elementos, os corpúsculos de substâncias complexas são constituídos por elementos diferentes.

Quase meio século depois de M.V. Lomonosov, o cientista inglês J.Dalton interpretou os resultados das investigações recolhidas no domínio da química e da física com base na teoria atomística; com base na atomística, criou a lei das proporções múltiplas. Em 1808, descreveu a doutrina atomística na sua obra intitulada "Novaya sistema khimicheskoi filosofii" da seguinte forma

6) As substâncias são compostas por partículas extremamente pequenas - os átomos, que não podem ser divididos em partículas mais pequenas;
7) Cada elemento químico é composto apenas pelos seus próprios átomos "simples", estes átomos diferem dos átomos de outros elementos, o átomo de cada elemento tem

o seu próprio peso e tamanho;

8) Durante uma reação química, átomos "simples" de diferentes elementos combinam-se numa proporção definida e imutável de números inteiros para formar átomos complexos;

9) Apenas os átomos com propriedades diferentes se podem juntar, os átomos de um elemento nunca podem entrar numa reação química entre si. Apenas se empurram uns aos outros.

10) Dalton explicou as leis básicas da química. Definiu claramente o conceito de elemento químico: "Um elemento químico é um tipo de átomos caracterizado pelas mesmas propriedades". Além disso, Dalton introduziu o conceito de "peso atómico" (ou seja, o peso relativo de um átomo), assumindo que o peso atómico do hidrogénio era condicionalmente igual a 1.

Nessa altura, soube-se que havia falhas nos ensinamentos de J. Dalton. A teoria de Dalton negava a existência de moléculas de substâncias simples. O ensino de M.V.Lomonosov revelou-se melhor do que o de J. Dalton.

A doutrina de M.V. Lomonosov permitia que átomos com propriedades diferentes se combinassem entre si, bem como átomos com as mesmas propriedades. Uma molécula é a partícula mais pequena que possui as propriedades químicas de uma determinada substância. As propriedades químicas de uma molécula são determinadas pela sua composição e estrutura química.

Um átomo é a partícula mais pequena de elementos químicos que faz parte de substâncias simples e complexas. As propriedades químicas de um elemento são determinadas pela estrutura do seu átomo.

Um átomo é uma partícula electroneutra constituída por electrões de carga negativa com um núcleo atómico de carga positiva. Um elemento químico é um tipo específico de átomos cujo núcleo tem a mesma carga positiva. Os testes mostram que podem existir na natureza átomos de um elemento com massas diferentes. Por exemplo, encontram-se átomos de cloro com uma massa de 35 e 37. O número de protões nos núcleos destes átomos é o mesmo, mas o número de neutrões é diferente. Os tipos de átomos de um elemento com a mesma carga nuclear mas com números de massa diferentes são designados por isótopos.

A massa atómica de um elemento é o valor médio das massas de todos os seus isótopos naturais, tendo em conta o grau de distribuição desses isótopos. Por exemplo, 75,4% do Cl natural é constituído pelo isótopo com o número de massa 35 e 24,6% pelo isótopo com o número de massa 37; A massa atómica média do Cl é 35,453

Substâncias simples - são substâncias formadas por átomos de um só elemento. C, Fe, Na, K, N2 , H2 . Substâncias complexas - por outras palavras, os compostos químicos são substâncias formadas a partir de átomos de diferentes elementos. H2 O, CO2, Na2O, NaCl, H2SO4, KOH.

De acordo com os conceitos actuais, as substâncias são gasosas e são compostas por moléculas. Apenas as substâncias com uma estrutura molecular são compostas por moléculas no estado sólido (cristal). Estas incluem, por exemplo, substâncias

orgânicas, não-metais, SO_2, N_2O, com exceção de certos tipos de substâncias.
A maior parte do sólido (cristal) das substâncias orgânicas não tem estrutura molecular. É cinzento, mas outros pequenos (de iões, átomos) o conteúdo está na forma de sólidos cristalinos (cristal de NaCl, quartzo, temir parch, etc.). Se um macro-corpo orgânico é composto por um único elemento químico, é porque haverá compostos químicos.
Método estrutural molecular de ligação química de cinzas moleculares. Para as ligações entre os átomos que a compõem, será preto e branco. A ligação química entre a estrutura química da estrutura não molecular é muito detalhada. É por isso que a água está a acabar, a que temperatura será mais elevada.
Formas conhecidas dos cristais O facto de terem uma propriedade tropical específica é evidente a partir da sua estrutura interna, com base nas leis conhecidas das partes constituintes.

2.2. Constância da composição, conservação da massa e lei da equivalência.

Lei da conservação da massa

Com base na teoria atómico-molecular, MV Lomonosov chegou à seguinte conclusão: "A essência de qualquer mudança que ocorre na natureza é que a mesma quantidade é adicionada a outro corpo tanto quanto é reduzida de um corpo. Assim, quanto mais a matéria diminui num lugar, mais ela aumenta noutro lugar." Mais tarde, os cientistas confirmaram esta conclusão com base em experiências. Esta lei - a lei da conservação da massa - é atualmente definida como:
"A massa das substâncias que reagem é igual à massa das novas substâncias formadas."
Daqui se conclui que "não há não-existência, e não há não-existência".

A lei da constância da composição

Esta lei foi descoberta pelo cientista francês I. Proust no início do século XIX:
"A composição qualitativa e quantitativa de qualquer composto quimicamente puro é sempre a mesma, independentemente da forma como esse composto é formado."
Por exemplo, independentemente da forma como a água é obtida, a quantidade de hidrogénio e oxigénio na sua composição é de 1:8 em peso.

Lei dos Equivalentes

A lei dos equivalentes foi descoberta no final do século XVIII. O cientista inglês J. Dalton acreditava que os elementos só se podiam combinar em determinadas quantidades, e chamou a estas quantidades "quantidades combinadas". Mas mais tarde, em vez deste termo, foi adotado o termo "Equivalente".
Equivalente significa de igual valor. Por exemplo, quimicamente, 1,008 partes de massa de hidrogénio, 35,5 massa q. de cloro e 23 massa q. de sódio têm o mesmo valor. Portanto, essas quantidades de elementos podem ser combinadas ou trocadas sem qualquer resíduo. Esta é a chamada lei dos equivalentes e é descrita resumidamente da seguinte forma: "Os elementos combinam-se e trocam-se em quantidades proporcionais aos seus equivalentes."

Os equivalentes químicos dos elementos e das substâncias complexas são diferentes uns dos outros.

"Uma unidade da massa de hidrogénio ou 8 unidades da massa de oxigénio de um elemento, ou a quantidade que toma o lugar do hidrogénio ou do oxigénio nos compostos, é designada por equivalente químico desse elemento. "

O equivalente é indicado pela letra E. Para determinar o equivalente de um elemento, este é calculado pela composição do seu composto com hidrogénio ou oxigénio, ou substituindo-o por hidrogénio.

Para calcular a equivalência de substâncias comuns

$$E = Ar / V$$

é utilizada a fórmula. E para substâncias complexas $E = Mr / V$

é utilizada a fórmula.

equivalente de alumínio

$$E_{Al} = \frac{27}{3} = 9$$

equivalente de ácido sulfúrico

$$E_{H_2SO_4} = \frac{98}{1 \cdot 2} = 49$$

, $Al_2(SO_4)_3$

$$E_{Al_2(SO_4)_3} = \frac{342,12}{2 \cdot 3} = 57,02$$

equivalente to a

2.3. Razões de volume, razões de volume, leis de Avogadro

A lei das proporções múltiplas

A lei das proporções múltiplas foi descoberta por J. Dalton em 1808 e é definida da seguinte forma:

"Se dois elementos se combinam entre si e formam vários compostos, os pesos de um dos elementos correspondentes ao mesmo peso do segundo elemento nesses compostos são proporcionais entre si, como a razão entre números simples e inteiros. ".

Por exemplo, N2O; NO; N2O3 ; NO2 ; Nos compostos N2O5, o azoto está na proporção de 1:1, e o oxigénio está na proporção de 1:2:3:4:5 em relação ao azoto.

A lei das proporções volumétricas

A lei das proporções volumétricas foi descoberta pelo cientista francês Gay-Lussac em 1808:

"A razão entre o volume dos gases em interação entre si e o volume dos gases formados é expressa por números pequenos e inteiros em condições constantes."

Por exemplo: um volume de hidrogénio combina-se com um volume de cloro para formar dois volumes de cloreto de hidrogénio. Um volume de oxigénio combina-se com dois volumes de hidrogénio e formam-se dois volumes de vapor de água. Assim, a razão entre os volumes de oxigénio e hidrogénio é 1:2, a razão entre o volume de hidrogénio e o volume de vapor de água é 2:2, a razão entre o volume de oxigénio e o volume de vapor de água é 1:2, ou seja, a razão entre os seus volumes é expressa por números inteiros pequenos.

Lei de Avogadro

A lei de Avogadro foi descoberta pelo cientista italiano Avogadro em 1811: "Sob as mesmas condições (pressão e temperatura), o número de moléculas em volumes iguais de gases é o mesmo."

de moles em gramas-moles é igual a . Calculado de diferentes maneiras, um grama de mol e é 6,02-1023 a presença da molécula foi determinada. Este número constante é chamado número de Avogadro e N é denotado pela letra Há N átomos num grama de elementos.

A razão entre a massa atómica em gramas (A) de um elemento e o número de Avogadro N determina a massa atómica :

A lei de Avogadro tem outra conclusão importante:

Volumes iguais de gases nas mesmas condições têm números moleculares iguais. Portanto, os volumes de moléculas-grama dos gases são iguais entre si. De facto, n. sh. (a 0 °C e 760 mm) uma molécula grama de qualquer gás ocupa um volume de 22,4 l . Este volume é designado por volume molecular em gramas dos gases.

Teste os seus conhecimentos

1. Que leis da química conheces?
2. Definir "elemento" e "corpúsculo".
3. Explicar a lei da conservação da massa.
4. Descrever a lei da constância do conteúdo.
5. Qual é o significado da palavra "equivalente"?
6. Explicar a lei da proporcionalidade.
7. Definição da lei da proporção das massas.
8. O que significa o número de Avogadro?
9. M. sobre a teoria atómico-molecular. Mostrar os pensamentos de M.V. Lomonosov .
10. Quais são os princípios da teoria atómico-molecular?
11. Mostrar o trabalho de Dalton como professor de mística .
12. Q a nd a ym o dd a l a rg a o ddiy v a mur a kk a bm o dd a l a rd e yil a di ?
13. Dar uma definição clara de um elemento químico e mostrar a sua diferença em relação a uma substância comum. Massa atómica relativa Massa molar relativa Descubra o que se passa.

CAPÍTULO III

ESTRUTURA ATÓMICA. TEORIAS DA ESTRUTURA ATÓMICA

3.1. Estrutura atómica

Até ao final do século XIX, prevaleceu na química a crença metafísica de que o átomo é a partícula mais pequena da matéria simples, o último limite da divisão da matéria. Em todas as mudanças químicas, as moléculas eram destruídas e novas moléculas eram formadas, e os átomos permaneciam inalterados e não se dividiam em partes mais pequenas. Os cientistas Butlerov e Morozov mencionaram estas ideias nos seus trabalhos. A doutrina da queda atómica começou a desenvolver-se rapidamente com base nestas descobertas.

Átomo é uma palavra grega que significa "indivisível". Mas MG Pavlov referiu que o átomo é um sistema complexo já em 1819. Nos anos 80 do século XIX, BN Chicherin descreveu o átomo como estruturado como o sistema "Sol", com um núcleo de carga positiva no seu centro. A. M. Butlerov disse em 1886 que "os átomos permanecem indivisíveis nos processos químicos que conhecemos, mas devem dividir-se em processos que serão descobertos mais tarde".

Em 1896, Becquerel descobriu a radioatividade. Em 1904, D. Thomson sugeriu que todas as partes do átomo estão ocupadas por uma carga positiva e que este está rodeado por partículas de carga negativa - os electrões. Como resultado da sua investigação, o cientista inglês Ernest Rutherford elaborou a teoria planetária sobre a estrutura do átomo. Um átomo pode ser definido da seguinte forma:

Um átomo é a partícula mais pequena de um elemento químico, que incorpora todas as propriedades químicas desse elemento.

3.2. A experiência de E. Rutherford

O cientista inglês E. Rutherford descobriu a parte positivamente carregada da composição atómica como resultado do estudo da dispersão de partículas a. Rutherford descobriu que, se um fluxo de partículas a for dirigido para uma placa metálica fina, a maior parte delas atravessa a placa metálica e não altera o seu movimento em linha reta; a - apenas uma parte das partículas se desvia da sua direção inicial para ângulos diferentes (ver figura 2). Em alguns casos muito raros, esta mudança brusca de direção pode ser explicada pelo facto de colidirem com a sua componente de carga positiva no interior do átomo, que tem uma massa superior à da partícula a-. Embora as partículas a passem por muitos átomos, apenas algumas delas se desviam do seu movimento em linha reta. Daqui se pode concluir que a parte positivamente carregada da composição atómica ocupa um volume muito pequeno em relação ao volume atómico.

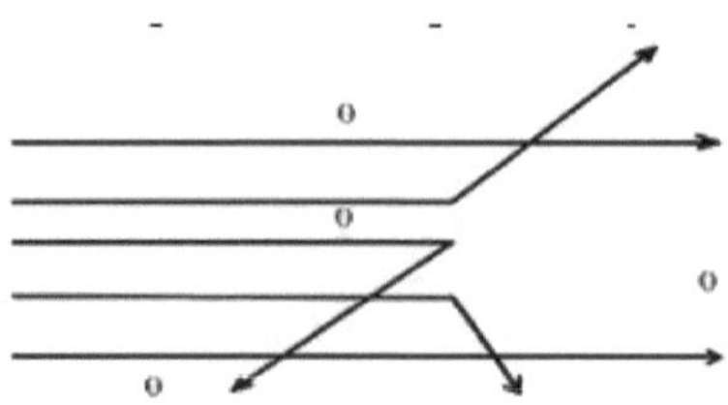

Figura 3.1. $^{\alpha}$ **é a passagem de partículas através do átomo.**

Em 1911, E. Rutherford propôs a teoria nuclear da estrutura atómica. De acordo com esta teoria, existe um núcleo com carga positiva no centro de um átomo e os electrões giram à sua volta. Todo o átomo é electroneutro, porque o índice y g da carga do eletrão é igual ao número de cargas positivas do núcleo. A massa dos electrões é muito pequena, o que significa que toda a massa de um átomo está concentrada no seu núcleo. A força de atração entre o núcleo positivo e os electrões está em equilíbrio com a força dos electrões para se abrirem a partir do centro.

Em 1911, E. Rutherford propôs a sua teoria planetária (ou nuclear) da estrutura atómica. De acordo com esta teoria, existe um núcleo de carga positiva no centro de um átomo, em torno do qual se movem os electrões. A investigação de E. Rutherford tornou-se a base para a criação da física nuclear.

a -partículas em papel dourado. As experiências mostraram que a maior parte das partículas precipitadas passa através do papel dourado sem alterar a sua trajetória, apenas algumas delas alteram a trajetória em linha reta, rodam. Uma parte muito pequena regressa à orca. O fenómeno descrito acima só pode ocorrer quando existe uma parte carregada positivamente - o núcleo - no centro do átomo de ouro. De acordo com a teoria nuclear, os electrões movem-se à volta do núcleo (como os planetas à volta do Sol).

Em 1919, E. Rutherford foi o primeiro a utilizar a enorme energia cinética das partículas a- emitidas pela radiação radioactiva durante a divisão artificial do núcleo atómico. Bombardeou átomos de azoto com partículas a, o que provocou a alteração do núcleo atómico. O processo de transformação de núcleos de um mesmo átomo em núcleos de outros átomos é designado por reacções nucleares. Estas são representadas por equações. Por exemplo, o processo que ocorre durante o bombardeamento de átomos de azoto com partículas a é representado pela seguinte equação:

$$_{7}^{14}\mathbf{Na} + {}_{2}^{4}\mathbf{He} = {}_{8}^{17}\mathbf{O} + {}_{1}^{1}\mathbf{H}$$

A soma da carga e da massa das partículas não se altera na reação nuclear. Por isso, os índices escritos acima e abaixo dos símbolos das partículas devem ser os mesmos nos lados direito e esquerdo da equação.

Como se pode ver na equação da reação nuclear acima apresentada, o núcleo de um átomo de azoto absorve-o quando colide com uma partícula $_{7}$ N a (o núcleo de um átomo de hélio^{4} $_{2}$ He). O núcleo atómico instável resultante emite uma partícula de carga positiva, ou seja, um protão (ou^{1} $_{1}$ H), no qual se forma o isótopo de oxigénio $_{8}^{17}$

O. Por outras palavras, os núcleos de átomos de oxigénio e de hidrogénio formam-se a partir de núcleos de átomos de azoto e de hélio.

Mais tarde, descobriu-se que os protões podem ser retirados dos núcleos atómicos de vários elementos e, como resultado, um elemento químico pode ser artificialmente transformado noutro. Por exemplo, quando um átomo de sódio é bombardeado com $_{11}^{23}$ Na a - partículas, forma-se o isótopo de magnésio $_{12}^{26}$ Mg e um protão:

$$_{11}^{23}\mathbf{Na} + {}^{4}_{2}\mathbf{He} = {}_{12}^{26}\mathbf{Mg} + {}_{1}^{1}\mathbf{H}$$

Em 1930, quando o Bea foi bombardeado com partículas a, verificou-se que emitia raios especiais com fortes propriedades de absorção. Em 1932, o cientista inglês Chadwick descobriu que estes raios consistiam num fluxo de partículas electroneutras. Foram mais tarde designadas por neutrões $_{0}^{1}$ n) dos núcleos atómicos, por exemplo, o núcleo de um átomo de berílio, pode ser expresso pela seguinte equação:

$$_{4}^{9}\mathbf{Be} + {}_{2}^{4}\mathbf{He} = {}_{6}^{12}\mathbf{C} + {}_{0}^{1}\mathbf{n}$$

3.3. Reacções nucleares

Os processos que conduzem à formação de núcleos de novos elementos através da alteração da composição dos núcleos atómicos são designados por reacções nucleares. As reacções nucleares ocorrem artificialmente.

Os elementos radioactivos emitem três tipos de raios a, b e g e formam núcleos de outros elementos.

A radiação a é constituída por partículas com carga positiva e corresponde ao núcleo de hélio. Tem uma forte propriedade de ionização e atravessa barreiras com 0,01 mm de espessura.

A radiação P é semelhante aos raios X, tem uma forte propriedade de penetração e pode atravessar barreiras com uma espessura de 0,1 mm.

A radiação y é semelhante aos raios X e tem uma forte propriedade de transição; pode passar através de uma barreira com uma espessura de 0,1 mm.

As reacções nucleares dividem-se em tipos básicos, tais como a-fissão e a p-fissão. No decaimento a, o número de sequência do elemento é reduzido em 2 unidades:

$$\frac{227}{89}Ac \rightarrow \frac{223}{87}At + \frac{4}{2}\mathrm{He}\ \text{(a) or}\ \frac{238}{92}\mathrm{U} \rightarrow \frac{234}{90}\mathrm{Th} + \frac{4}{2}\mathrm{He}$$

Na b-desintegração, o número de série do elemento aumenta em uma unidade, e o número de massa do núcleo permanece inalterado:

$$\frac{28}{13}Ac \rightarrow \frac{28}{14}Si + \frac{0}{-1}e\text{(b) or}\frac{234}{91}Th \rightarrow \frac{234}{91}Pa + \frac{0}{-1}\mathrm{e}$$

Em algumas reacções nucleares, forma-se um positrão $(\frac{0}{+1}e)$ ou partícula (+b), o número de ordem diminui uma unidade, mas o número de massa do núcleo não se altera:

$$\frac{27}{14}Si \rightarrow \frac{27}{13}Al + \frac{0}{+1}e(+\text{b})$$

Existem também reacções nucleares em que o núcleo se liga a uma partícula p. Neste caso, o número de ordem diminui uma unidade, a massa nuclear não se altera:

$$\frac{49}{23}V + \frac{0}{+1}e(\beta) \rightarrow \frac{49}{22}Ti$$

Este fenómeno é designado por "cobertura K".

No domínio da tecnologia, a radioatividade é amplamente utilizada para determinar o grau de decaimento e a espessura de pormenores, furos em condutas de água e petróleo, e para encontrar a quantidade de substâncias (método dos isótopos diluídos).

3.4. Orbitais atómicas

A partir do valor do número quântico principal n = 2, as camadas de energia são divididas em camadas que diferem umas das outras em termos de energia de ligação ao núcleo. O número de camadas é igual ao valor do número quântico principal, mas não excede quatro: na 1ª camada há uma camada, na 2ª camada - duas, no 3º nível - três, no 4º nível - quatro camadas. As camadas, por sua vez, são compostas por orbitais. É habitual designar as camadas com letras latinas: s - a primeira camada de qualquer camada energética mais próxima do núcleo; é composta por uma orbital s; p - a segunda camada, composta por três orbitais p; d - a terceira camada, composta por cinco orbitais d; f é a quarta camada, composta por 7 orbitais f. Assim, para cada valor de n existem n^2 orbitais

Cada orbital pode conter no máximo dois electrões - princípio de Pauli. Se houver um eletrão na orbital, chama-se um eletrão não emparelhado, se houver dois, chama-se um eletrão emparelhado. O princípio de Pauli explica a fórmula $N = 2n^2$ · De facto, se, por exemplo, a terceira camada (n = 3) tem $3^2 = 9$ orbitais, e cada orbital tem 2 electrões, então o número máximo de electrões é 2*9 = 18.

De acordo com os dados teóricos, a orbital s é esfericamente simétrica, ou seja, tem a forma de uma esfera. Um exemplo disto é a orbital do átomo de hidrogénio, n = 1 (Fig. III.3). Uma orbital deste tipo é designada por orbital s. Um eletrão numa orbital s é chamado um eletrão s.

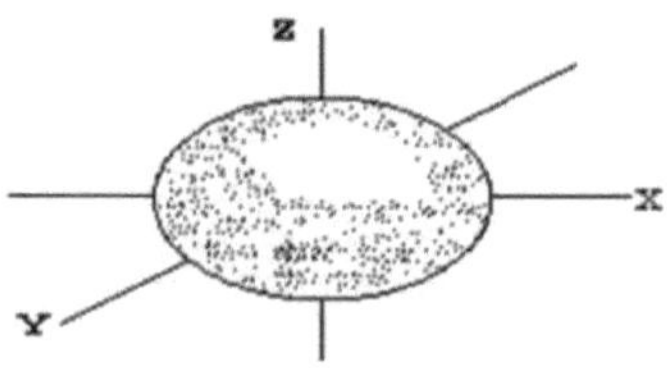

3.2 - r a sm a s - forma do orbital do eletrão .

2 - a linha vertical mais forte (N = 2). É 2s - órbita e ano ld e. 2s - a energia do eletrão é muito elevada, por isso o núcleo 1s - eletrão. É muito tempo atrás. Para cada valor de nn geral, seleciona-se uma órbita simétrica asférica.

A orbital p tem a forma de um haltere ou de um octógono volumétrico (Fig. III.4).

Num átomo, as três orbitais p são perpendiculares entre si. Estão orientadas ao longo dos eixos das coordenadas espaciais, pelo que são frequentemente designadas por orbitais p_x , p_y e p_z. Esta designação mostra como as orbitais p estão orientadas no espaço. Se a orbital p_x se situa na direção do eixo x, então o eletrão p_x tem maior probabilidade de se situar perto do eixo x. O mesmo se pode dizer das orbitais p_y e p_z. Note-se que, a partir de n = 2, cada camada de energia tem três orbitais p. À medida que n aumenta, os electrões ocupam orbitais p localizadas mais longe do núcleo, mas a direção ao longo das linhas x, y, é sempre preservada.
As orbitais d (cinco) e as orbitais f (têm sete) são mais complexas do que as orbitais p.

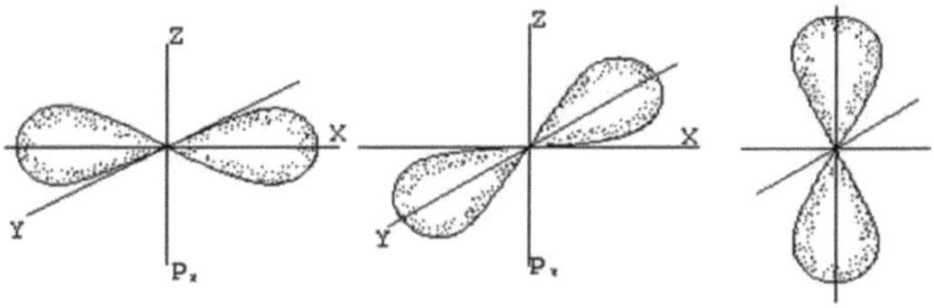

Figura 3.3. p - forma e localização das orbitais electrónicas.

3.5. Princípio de Pauli

Em 1925, foi definido o princípio de Pauli: um átomo não pode ter dois electrões com quatro números quânticos iguais entre si. Por conseguinte, dois electrões com spin paralelo não podem coexistir numa orbital. Estes electrões são designados por electrões não emparelhados ou electrões simples. Dois electrões com spin antiparalelo podem coexistir numa orbital: estes electrões são designados por electrões emparelhados ou pares de electrões. Devido ao facto de não poderem ser colocados mais do que dois electrões numa orbital, a disposição máxima dos electrões nas orbitais de um átomo é caracterizada pelas seguintes condições: estado s: há 2 electrões numa orbital (ou seja, s^2 -), estado p: há 6 electrões em três orbitais (ou seja, p *6),* estado d: há 10 electrões em cinco orbitais (ou seja, d^{10}

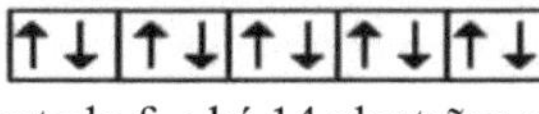

estado f -: há 14 electrões em sete orbitais (ou seja, f^{14} -)

Para descrever a disposição dos electrões nas camadas, o número de ordem da camada de energia é indicado pelo número quântico inicial, seguido da letra da mesma camada. Esta expressão é designada por configuração eletrónica de um átomo. Por exemplo, escreve-se $1s^1$ para um átomo de hidrogénio e $1s^2$ para um átomo de hélio.

3.6. A regra de Gund

Para além do princípio de Pauli, a disposição dos electrões num átomo deve também obedecer aos dois princípios seguintes.

1. De acordo com o princípio da minimização da energia, as camadas são preenchidas com electrões por ordem crescente de energia das camadas. Primeiro, 1s =

(n+l =1+0=1). Depois 2s =(n+l = 2), 2p=(2+l=3), 3s=(3+0=3), 3p(3+1=4), etc. as camadas são preenchidas, ou seja, a ordem de crescimento da energia da camada é encontrada com base na regra de VM Klechkovskii nos passos seguintes.

2. É fácil determinar a ordem dos electrões que ocupam as camadas com base na regra de VM Klechkovsky: a sequência dos electrões que ocupam as camadas é da ordem das somas crescentes dos números quânticos principais e orbitais da mesma camada. Ou seja, para qual das duas camadas, se a soma de l + n for pequena, a energia do eletrão nesse estado terá um valor mínimo; se a soma de l + n for a mesma para várias camadas, então a camada com um número quântico principal pequeno terá o valor mínimo de energia.

3. Regra de Gund. De acordo com esta regra, os electrões que se encontram no mesmo degrau tentam não emparelhar o mais possível, ou seja, aumentar a soma dos spins o mais possível. Por exemplo, três electrões podem ser colocados na casca p de duas maneiras:

1) 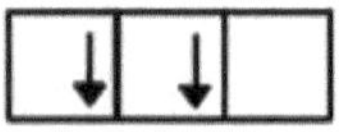 or 2) 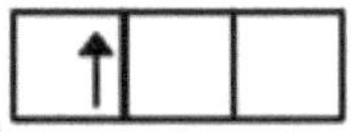

Naturalmente, o primeiro método é implementado, porque a soma dos spins no primeiro método é igual $\frac{1}{2}+\frac{1}{2}+\frac{1}{2}=\frac{3}{2}=1.5$ a e no segundo método $\frac{1}{2}-\frac{1}{2}+\frac{1}{2}=\frac{1}{2}$.

Teste os seus conhecimentos.

1. Como é determinada a carga do núcleo atómico?
2. Como é definida a lei periódica de acordo com a carga do núcleo atómico?
3. O que são isótopos e isóbaros? Dê exemplos.
4. Dar uma breve informação sobre a teoria quântica da radiação.
5. Qual é a essência da teoria de Bohr?
6. Que números quânticos têm os electrões?
7. Qual é a estrutura das camadas de electrões num átomo?
8. Como é descrito o número quântico primo?
9. Quando e por quem foi introduzido na ciência o conceito de número quântico orbital? O que é que ele descreve?
10. Dar informações sobre os números quânticos magnéticos e de spin.
11. Qual é a definição do princípio de Pauli e o que é que ele mostra num átomo? Como é que as camadas electrónicas são preenchidas com electrões de acordo com o princípio da minimização da energia?
14. Explicar a regra de Gund e dar um exemplo

CAPÍTULO IV

LEI PERIÓDICA E SISTEMA DE DI MENDELEYEV. DEFINIÇÃO MODERNA DE LEI PERIÓDICA .

4.1. O direito antigo e a sua interpretação moderna

No início do século XIX, era difícil separar os elementos em classes distintas. Nessa altura, para além do facto de o número de elementos ser reduzido, as alterações da massa atómica, as propriedades físicas e químicas dos elementos baseadas em certas leis ainda não tinham sido completamente estudadas. Como resultado da investigação científica, juntamente com a descoberta de novos elementos, foram estudadas as suas propriedades e a estrutura dos seus átomos, foram identificados grupos de elementos semelhantes aos grupos naturais de alguns elementos anteriormente conhecidos. A informação recolhida sobre os elementos e as suas combinações deu aos químicos a tarefa de dividir todos os elementos em classes. A. Lavoisier (1789), Bercellius (1812), Debereiner (1817), Gmelin (1843), Pettenkofer (1850), Dumas (1850), de Chancourtois (1862), Newlands (1863), Meyer (1869) e outros cientistas tentaram dividir os elementos em classes. Mas ninguém conseguiu demonstrar claramente que existe uma ligação orgânica entre os elementos químicos.

O cientista russo DIMendeleyev, nos seus muitos anos de investigação científica aprofundada, estudou a propriedade de formar compostos, valências, forma e propriedades dos compostos e descobriu a periodicidade entre eles. Com base nos resultados da experiência, em 1869, DIMendeleev criou a lei periódica e descreveu-a da seguinte forma "As propriedades dos elementos, a forma e as propriedades dos seus compostos dependem periodicamente das massas atómicas." Esta lei explicava que, à medida que as massas atómicas de todos os elementos conhecidos na altura aumentavam, as suas propriedades regressavam após 7 e 17 elementos. Assim, as propriedades dos elementos e as suas combinações mudam periodicamente com base em certas leis. Com base nisto, DIMendeleev colocou os elementos numa determinada ordem e criou o sistema periódico dos elementos.

Como resultado do estudo perfeito da estrutura do átomo, a natureza da lei periódica foi claramente demonstrada, foi possível interpretar as mudanças periódicas nas propriedades dos elementos, para determinar se existe uma certa ligação entre a sua localização no sistema periódico e as suas propriedades químicas. A carga positiva do núcleo atómico e o número de electrões aumentam à medida que se passa de um elemento para outro no sistema periódico de Mendeleev. Isto, por sua vez, leva a uma mudança nas propriedades dos elementos químicos. Assim, o número de série de um elemento não é apenas um número, mas indica a carga positiva do seu núcleo atómico e o número de electrões. Assim, atualmente, a lei periódica é definida da seguinte forma "As propriedades dos elementos, a forma e as propriedades dos seus compostos - dependem da carga dos seus núcleos atómicos de uma forma periódica"

4.2. A estrutura do sistema Davy

Com base nas alterações periódicas das propriedades dos elementos, DIMendeleyev dividiu o sistema de elementos em vários períodos. Os períodos 1, 2 e 3 são pequenos porque são constituídos por apenas uma fila, os períodos 4, 5 e 6 são chamados grandes e o período 7 é um período incompleto. Existem 2 elementos no primeiro período, e 8 elementos no segundo e terceiro períodos. Há 18 elementos no quarto e quinto períodos, 32 elementos no sexto período, e o sétimo período ainda não está completo. Cada período (exceto o primeiro período) começa com metais típicos (Li, Na, K, Rb, Cs, Fr) e termina com gases originais (Ne, Ar, Kr, Xe, Rn).

Do lítio ao flúor e do sódio ao cloro, as propriedades metálicas dos elementos diminuem e as propriedades não metálicas aumentam. Os gases nobres são a fronteira que separa os metais típicos dos não metais típicos nos períodos. No primeiro período, apenas um hidrogénio separa o hélio dos elementos típicos do período seguinte. Por isso, o hidrogénio tem propriedades metálicas e não metálicas.

Nos grandes períodos, as propriedades dos elementos alteram-se mais lentamente do que nos pequenos períodos. Por esta razão, os grandes períodos são divididos em séries pares e ímpares, porque nos grandes períodos as propriedades dos elementos mudam duas vezes periodicamente. Os elementos de número par dos grandes períodos são apenas metais, cujas propriedades metálicas diminuem da esquerda para a direita, mas nas linhas ímpares, as propriedades metálicas enfraquecem e as propriedades não metálicas aumentam. Os quarto e quinto períodos de duas filas, ao contrário do segundo e terceiro períodos, contêm elementos decimais intermédios, ou seja, o segundo elemento do quarto período é de 10 elementos (década Sc-Zn) depois do Ca. lib, seguido dos elementos do período 6 (Ga - Kr). Os elementos do quinto período também estão dispostos da mesma forma. Após o segundo elemento (Ba) do sexto período, deveriam ser colocados os elementos da década intermédia (La-Hg). Mas há 14 elementos Ge-Lu na célula do elemento La, e depois os restantes seis elementos principais (Tl-Rn). Vemos esta situação nos elementos inacabados do sétimo período. Por exemplo, após o elemento Ra no sétimo período, os elementos intermédios são introduzidos pelo As, e mais 14 elementos são colocados na célula onde ele se encontra. A razão para este facto é que as propriedades destes elementos mudam muito lentamente com o aumento das cargas. Como resultado desta distribuição dos elementos por períodos, criou-se uma família de elementos semelhantes entre si na direção vertical. Estas famílias de elementos são designadas por grupos. Cada grupo é dividido em dois grupos. Os elementos constituídos por elementos típicos são designados por grupo principal. Os elementos da década intermédia localizados em grandes períodos são designados por grupos adicionais.

Os elementos do grupo principal diferem dos elementos do grupo adicional em termos das suas propriedades químicas. Esta diferença varia de grupo para grupo, ou seja, no primeiro grupo, a diferença nas propriedades dos elementos do grupo principal e do grupo adicional é mais significativa. À medida que o número de grupos aumenta, esta diferença diminui. Mas no sétimo grupo, a diferença torna-se muito grande. Por exemplo: os elementos do subgrupo adicional do primeiro grupo Cu, Ag, Au são elementos passivos, que diferem nitidamente dos elementos activos do grupo do lítio em termos das suas propriedades químicas, e no terceiro grupo, ou seja, o grupo do boro, que é o grupo principal (V , Al, Ga, ln, Tl), existe uma diferença acentuada entre as propriedades químicas do grupo do escândio e dos halogéneos . Como os lantanídeos e os actinóides estão próximos uns dos outros nas suas propriedades, são colocados num grupo secundário adicional.

O número de cada grupo indica a maior valência dos elementos pertencentes a esse grupo em relação ao oxigénio. Mas há um desvio a esta regra no grupo do cobre e nos elementos dos grupos VII e VIII. Por exemplo, o cobre é monovalente e divalente, o ouro é 3valente, e apenas o ósmio e o irídio são 8valentes de elementos adicionais do subgrupo do grupo VIII, apenas o flúor é monovalente no grupo VII. A maior valência dos outros halogéneos em relação ao oxigénio é igual a sete. Os elementos do grupo principal apresentam uma valência em relação ao hidrogénio, e esta valência é igual ao número do grupo. A valência dos elementos em relação ao hidrogénio aumenta do grupo I para o grupo IV, diminui do grupo IV para o VII, e a sua valência em relação ao oxigénio aumenta. Em qualquer grupo, a soma das valências dos não-metais em relação ao oxigénio e ao hidrogénio é igual a 8. À medida que a massa atómica aumenta em cada grupo, as propriedades metálicas dos elementos tornam-se mais fortes. Esta mudança é claramente observada nos elementos do grupo principal, e muito lentamente nos elementos do grupo adicional.

Assim, as propriedades dos elementos - valências relativas da massa atómica, se os compostos de oxigénio e os hidróxidos têm propriedades básicas, anfotéricas ou ácidas, etc., mudam de acordo com certas leis, tanto dentro do período como dentro do grupo no sistema periódico. Além disso, a semelhança das propriedades dos elementos no sistema periódico pode ser observada em três direcções:

1. Na direção horizontal: existe uma semelhança nas alterações das propriedades dos elementos ao longo do tempo. Por exemplo, o alumínio metálico é semelhante ao magnésio metálico, à esquerda, com propriedades básicas, e o silício, à direita, é semelhante com propriedades ácidas.
2. Na direção vertical: os elementos localizados verticalmente do sistema periódico são semelhantes entre si por grupo.
3. Na direção diagonal: os elementos situados na diagonal da tabela periódica são semelhantes entre si.

Por exemplo: o alumínio é diagonalmente semelhante ao berílio e ao germânio no sistema periódico, e o silício é semelhante em propriedades ao boro e ao arsénio.

DiMendeleyev foi o primeiro a estabelecê-la. Atualmente, pode ser determinado por dois métodos - os métodos de cálculo de costelas de DIMendeleev e de Solshti.

De acordo com o método DIMendeleev, as propriedades dos elementos são determinadas pela quantidade média obtida a partir da soma aritmética das propriedades físicas e químicas dos elementos situados à sua volta. Por exemplo, se a soma das massas atómicas relativas do gálio, do silício, do arsénio e do estanho for dividida por 4, obtém-se a massa atómica relativa do germânio. Ou seja (este número é próximo da massa atómica relativa do germânio, 75,6).

Ou, o arsénio e o bromo nos lados esquerdo e direito do selénio formam compostos de hidrogénio contendo As, Br, e as propriedades dos compostos de hidrogénio dos elementos enxofre e telúrio acima e abaixo de H_2S, H_2Te, ou seja, temperaturas de fusão e ebulição, solubilidade em água, dividindo a soma aritmética média das densidades sólida e líquida por quatro, é possível determinar as propriedades acima mencionadas de H_2Se, um composto de hidrogénio de selénio. Este método é amplamente utilizado na determinação de substâncias cujas propriedades são atualmente desconhecidas.

4.3. Estrutura atómica e tabela periódica

Vamos considerar a relação entre a estrutura eletrónica dos átomos dos elementos e a sua posição no sistema periódico.

A disposição dos electrões ao longo dos níveis de energia e das orbitais é designada por configuração eletrónica do elemento . As três regras seguintes aplicam-se à distribuição dos electrões nos átomos.

1. Cada eletrão tende a obter o estado correspondente à energia mínima (regra da preferência energética). Este facto pode ser explicado com base nas duas regras seguintes propostas por Klechkovsky.

a) se a soma de n+l for pequena para ambos os casos na distribuição de electrões por orbitais nos átomos, então a energia neste caso terá um valor pequeno, como resultado, esta orbital será preenchida com electrões. n - número quântico principal, l - números quânticos orbitais);

b) se a soma de (n+l) para estes dois casos for igual em termos de valor, então a orbital com um valor n menor está cheia de electrões.

Estas regras podem ser explicadas da seguinte forma:

n	1	2	3	4
1	0	0.1	0,1,2	0,1,2,3
n- 1	1	2.3	3,1,2	45,6,7
Orbitais	É	2s 2p	3s 3p 3d	4s 4p 4d 4f...

Tabela reunida agora _ Enumerar os electrões com base nos valores da ordem de distribuição pode:

1s < 2s < 2p <3s < 3p < 4s < 3d < 4p <5s < 4d <5s...

O movimento dos electrões não é incompatível com o princípio de Pauli. Este princípio é descrito da seguinte forma: "Num átomo, existem dois electrões com o mesmo valor dos quatro números quânticos. Se dois electrões têm o mesmo valor de m números quânticos, então o quarto número quântico de spin ms spins são iguais um ao outro.Ele fez a diferença por ter uma direção.

Os electrões de um mesmo passo tendem a ocupar o maior número possível de orbitais (regra de Gund). Por exemplo, o aparecimento de 5 electrões no segundo degrau

↑↓	↑↓	↑		

e e não de acordo com a regra de Gund

↑	↑	↑	↑	↑

O quarto elemento é a configuração eletrónica do carbono $1s^2$ é 2s $2p^{22}$. A segunda camada da segunda camada é de 2 camadas para o átomo de carbono. p2- Pode doar electrões ou aceitar quatro electrões do exterior para aumentar o seu número para oito. É por isso que o ugl e r o d a t o mi C^{+4} v a Produz o ião C^{-4} , ou seja

$$C\ 1s^2 2s^2 2p^2 - 4e^- \rightarrow C^{4+}\ 1s^2 2s^{\circ} 2p^{\circ}$$

$$C\ 1s^2 2s^2 2p^2 + 4e^- \rightarrow C^{-4}\ 1s^2 2s^2 2p^6$$

O número de electrões aumenta em um na segunda camada de átomos de azoto, oxigénio e flúor que se seguem. Finalmente, o número de electrões p no átomo de néon, que é o oitavo elemento do segundo período, atinge 6, formando assim a segunda camada completa com oito electrões. Configuração eletrónica do átomo de néon $1s^2$ $2s^2$ $2p^6$ expressa na forma Assim, quando estes elementos recebem electrões durante uma reação química e aumentam o número de electrões na sua camada exterior para oito, a sua configuração eletrónica torna-se estável, assumindo um estado semelhante ao do néon.

O elemento do terceiro período cede todos os electrões da sua camada exterior durante a reação, e o seu átomo é estabilizado assumindo a configuração de néon.

$$Na\ 1s^2 2s^2 2p^6 3s^1 3p^{\circ} 3d^{\circ} - 1e^- \rightarrow Na^+\ 1s^2 2s^2 2p^6$$

$$Mg\ 1s^2 2s^2 2p^6 3s^2 3p^{\circ} 3d^{\circ} - 2e^- \rightarrow Mg^{2+}\ 1s^2 2s^2 2p^6$$

$$Al\ 1s^2 2s^2 2p^6 3s^2 3p^1 3d^{\circ} - 3e^- \rightarrow Al^{3+}\ 1s^2 2s^2 2p^6$$

pode ter um estado estável dando quatro electrões s^2 p^2 na sua camada eletrónica externa, mudando a configuração eletrónica para a configuração eletrónica do átomo de néon ou ligando quatro electrões à configuração eletrónica do árgon:

$$Si\ 1s^2 2s^2 2p^6 3s^2 3p^2 3d^{\circ} - 4\ e^- \rightarrow Si^{4+}\ 1s^2 2s^2 2p^6$$

$$Si\ 1s^2 2s^2 2p^6 3s^2 3p^2 3d^{\circ} + 4\ e^- \rightarrow Si^{4-}\ 1s^2 2s^2 2p^6 3s^2 3p^6 3d^{\circ}$$

Ao adicionar fósforo, enxofre, cloro e electrões, as configurações electrónicas são as configurações do árgon. a para atingir um di. Na terceira fase, a terceira fase está cheia de electrões, 5 orbitais 3d estão vazias. Na terceira fase, os átomos dos elementos tríade, árgon e árgon tornam-se mais pequenos. Por conseguinte, a propriedade dos elementos de receberem electrões aumenta e o tempo de vida dos electrões diminui. Dado que a eletricidade da rede se encontra na quarta fase, a eletrónica encontra-se na quarta fase. Daqui se depreende que a estrutura eletrónica destes elementos é semelhante à dos elementos do terceiro período. Assim, a órbita 3d está preenchida com todos os electrões:

$$Sc - 1s^2 2s^2 2p^6 3s^2 3p^6 3d^1 4s^2$$

$$Ti - 1s^2 2s^2 2p^6 3s^2 3p^6 3d^2 4s^2$$

$$V - 1s^2 2s^2 2p^6 3s^2 3p^6 3d^3 4s^2$$

No entanto, devido à redução da energia eletrónica no crómio, um eletrão permanece na camada exterior e torna-se uma orbital Zd

Cr - $1s^2 2s^2 2p^6 3s^2 3p^6 3d^6 4s^1$

M a rg a n e s el e m e nti 4s - órbita a lid a t a t a k v a t a 2 t a el e ktrong a eg a . M a rg a n e sd a nk e yingi te mir, co b a lt , nick e l el e m e ntl a rid a n es a , 3d - órbita é preenchida com electrões :

Mn - $1s^2 2s^2 2p^6 3s^2 3p^6 3d^5 4s^2$

Fe - $1s^2 2s^2 2p^6 3s^2 3p^6 3d^6 4s^2$

Co - $1s^2 2s^2 2p^6 3s^2 3p^6 3d^7 4s^2$

Ni - $1s^2 2s^2 2p^6 3s^2 3p^6 3d^8 4s^2$

No elemento cobre, um eletrão da orbital 4s passa para a orbital 3 e o número de electrões é 10, o cobre tem um eletrão na camada exterior e o zinco tem dois electrões:

Cu - $1s^2 2s^2 2p^6 3s^2 3p^6 3d^{10} 4s^1$

Zn - $1s^2 2s^2 2p^6 3s^2 3p^6 3d^{10} 4s^2$

Os electrões da orbital 4p são preenchidos com os electrões da orbital 4p da galáxia do crípton:

Ga -$1s^2\ 2s^2\ 2p^6\ 3s^2\ 3p^6\ 3d^{10}\ 4s^2\ 4p^1$

Ge -$1s^2\ 2s^2\ 2p^6\ 3s^2\ 3p^6\ 3d^{10}\ 4s^2\ 4p^2$

As -$1s^2\ 2s^2\ 2p^6\ 3s^2\ 3p^6\ 3d^{10}\ 4s^2\ 4p^2$

Se -$1s^2\ 2s^2\ 2p^6\ 3s^2\ 3p^6\ 3d^{10}\ 4s^2\ 4p^4$

Br -$1s^2\ 2s^2\ 2p^6\ 3s^2\ 3p^6\ 3d^{10}\ 4s^2\ 4p^5$

Cr- $1s^2 2s^2 2p^6 3s^2 3p^{6 3d 10} 4s^2 4p$ 6

A quarta era terminou com o elemento Krypton. O pagamento eletrónico do quinto, sexto e sétimo períodos é também o mesmo.

4.4. I energia do despertar

A energia de excitação refere-se à energia absorvida durante a libertação de um eletrão de um átomo neutro. Denotada pela letra UI, kJ (g mol ou ev) é medida em unidades atómicas. Se 1, 2, 3 electrões forem sucessivamente libertados de um átomo, respetivamente, a energia de ionização terá valores I 1 , I 2 , I 3 ... e sempre I 1 < I 2 , <I 3 < ... aumenta na ordem de . O seu valor aumenta com o aumento do número de ordem nos ciclos, ou seja, como a força entre o eletrão da camada externa e o núcleo aumenta, a quantidade de energia necessária para ejetar o eletrão também aumenta.

À medida que o número de ordem aumenta nos grupos, o valor da energia de ionização diminui, porque o raio do átomo aumenta, a força de atração entre o núcleo e o eletrão exterior diminui e é gasta menos energia para remover o eletrão do átomo.

4.5. Conceitos de afinidade eletrónica e de eletronegatividade

A afinidade eletrónica é a quantidade de energia libertada ou absorvida pela ligação de um eletrão a um átomo neutro, e é denotada por (F), sendo a unidade de medida kJ/g mol e ev/átomo.

$[Atom]^{+}e \rightarrow [ION]^{-} \pm F$

Esta propriedade do átomo também aumenta com o aumento do número de ordem nos períodos. Por exemplo, no período II, a afinidade eletrónica do lítio é de 0,82 ev, enquanto é de 1,47 ev no oxigénio e de -3,58 ev no flúor. Um aumento do número de ordem nos grupos leva a uma diminuição da afinidade eletrónica (grupo I: Li=0,82; Na=0,47 ev).

A eletronegatividade é a quantidade que resume as duas propriedades acima referidas dos átomos dos elementos.

A eletronegatividade (Em) refere-se à capacidade de um átomo atrair a nuvem de electrões de outro átomo:

$$Em=1/2(I+F)$$

ar elementar é calculado (escala de Poling) em relação à eletronegatividade do lítio (Em Li =1).

O elemento com a maior eletronegatividade da tabela periódica é o flúor, que retira electrões a todos os elementos e torna invisíveis as suas fortes propriedades oxidantes. Por isso, o flúor reage com o xénon de gases inertes, oxida-o e forma o composto XeF2. O oxigénio (Em =3,5) também doa um eletrão ao flúor e torna-se o ião condicional O^{+2} , formando OF2 .

Teste os seus conhecimentos

1. Que cientistas tentaram sistematizar os elementos?
2. Como é que DI Mendeleev descobriu a lei periódica? Como é que esta lei é definida?
3. Como é que a periodicidade se manifesta no sistema periódico dos elementos?
4. Descreva como os elementos estão dispostos na tabela periódica. Qual é o significado dos "números atómicos" dos elementos?
5. Como é que a evolução da lei periódica e do sistema periódico pode ser dividida em períodos?

CAPÍTULO V

LIGAÇÕES QUÍMICAS E ESTRUTURA DAS MOLÉCULAS.

5.1. K é um conceito de contacto simbólico

A soma das forças que unem os átomos numa molécula é chamada de ligação química. Atualmente, são conhecidos cinco tipos de ligações químicas: 1) ligação iónica; 2) ligação covalente; 3) ligação metálica; 4) ligação de hidrogénio; 5) ligação baseada nas forças de Van der Waals.

Os primeiros três tipos de ligações químicas (1, 2, 3) são ligações fortes. Os dois últimos tipos (4,5) são ligações fracas.

A razão para a formação de uma ligação química é que quando os átomos ou iões interagem uns com os outros, as suas reservas de energia tornam-se menos valiosas do que quando cada um deles está individualmente, o que faz com que o sistema passe para um estado estável.

5.2. A estrutura da molécula. Teoria da estrutura química

1861 A.M. Butlerov criou a seguinte teoria das ligações químicas: a) os átomos estão ligados uns aos outros numa determinada ordem numa molécula; b) a união dos átomos ocorre de acordo com as suas valências;

c) as propriedades das substâncias químicas dependem não só do número e da natureza dos seus átomos, mas também da sua disposição, ou seja, da estrutura química da molécula.

Esta teoria, em particular, explicou a estrutura das substâncias orgânicas em todos os pormenores e atacou as teorias acima mencionadas. O estudo das alterações químicas com base na teoria de A.M. Butlerov permite determinar a estrutura molecular. Esta teoria deu origem a métodos que determinam a estrutura das substâncias.

Por exemplo, uma molécula de álcool etílico tem a fórmula C_2H_5OH. Tendo em conta as valências dos elementos que compõem esta substância, podemos criar duas estruturas diferentes:

HH HH

| | | |

H - C --- C - O - H and H - C -- O -- C -- H

| | | |

HHHH

Como resultado do estudo das reacções químicas do álcool etílico, foi provada a exatidão da primeira estrutura. Por exemplo, quando o sódio metálico é exposto ao álcool etílico, o sódio metálico é substituído por apenas um átomo de hidrogénio:

$$2C_2H_5OH + 2Na = 2C_2H_5ONa + H_2$$

Como um átomo de hidrogénio é diferente dos outros átomos de hidrogénio, não está ligado ao carbono, mas ao oxigénio. O único hidrogénio ligado ao mesmo oxigénio é substituído pelo metal. Nos mais de cem anos que se seguiram à criação da teoria da estrutura química, os cientistas descobriram muitos milhares de fórmulas químicas de substâncias orgânicas e orgânicas elementares. A determinação das fórmulas de algumas substâncias levou muitos anos.

Os estudos sobre a determinação da localização de um átomo numa molécula através destes métodos confirmaram a teoria de Butlerov. Consequentemente, a teoria de A.M. Butlerov tornou-se a principal teoria na interpretação moderna da estrutura molecular.

A teoria da estrutura química introduziu na ciência o conceito de interação dos átomos nas moléculas. Com base neste conceito, não são apenas os átomos ligados entre si que desempenham um papel numa molécula, mas todos os átomos interagem uns com os outros. Os átomos interligados têm um efeito relativamente pequeno uns sobre os outros. Este efeito é designado por efeito de indução. O efeito de indução pode ser observado no seguinte exemplo: se substituirmos todos os átomos de hidrogénio de um grupo metilo no álcool butílico terciário por um átomo de flúor, o álcool apresenta propriedades ácidas.

A razão para isto é que o flúor tem uma forte propriedade de atração de electrões, pelo que atrai electrões. Isto faz com que os electrões da molécula se desloquem ao longo da cadeia.

Este deslocamento desaparece com a saída dos átomos criando o efeito de ião induzido. Assim, a teoria de A. M. Butlerov foi descoberta em 1823 por Libich e Voller e tornou-se de grande importância na explicação do fenómeno da isomeria na caraterização da estrutura química.

A isomeria é a existência de substâncias com a mesma composição e massa molecular, mas com propriedades diferentes em resultado da diferente disposição dos átomos no espaço. As substâncias com estas propriedades são conhecidas como isómeros.

Atualmente, são conhecidos dois tipos de isomerismo.

1. Isomerismo estrutural
2. Isomerismo espacial

Isomeria estrutural - caracteriza a ligação sequencial dos átomos numa molécula. São conhecidos vários tipos de isomerismo estrutural.

Se as moléculas diferirem na disposição dos átomos que constituem a estrutura, esta isomeria é designada por isomeria esquelética. Exemplo:

CH_3

|

$H_3C - CH_2 - CH_2 . CH_2 - CH_3$ and $H_3C - CH - CH_2 - CH_3$

pentano2-metilbutano

O isomerismo em moléculas que têm a mesma estrutura, mas diferem na disposição dos grupos funcionais, é chamado isomerismo de estado. Um exemplo de um grupo funcional é - ON, $-NO_2$, $-NH_2$ -COOH, $-SO_3H$ e outros.

OH

|

$H_3C - CH_2 - CH_2OH$ and $CH_3 - CH - CH_3$

álcool propílico álcool isopropílico

5.3. Ligação covalente e teorias da sua formação

Os pares de electrões dos átomos são chamados ligações covalentes. Esta ligação é formada por elementos com eletronegatividade igual ou ligeiramente diferente. Uma ligação covalente é um exemplo de uma ligação entre moléculas de N2, Cl2, O2, N2, CH4. A formação de ligações covalentes entre átomos é diferente, ou seja:

1) Pode ser descrita mostrando a generalização dos electrões, 2) por células de energia, 3) por nuvens electrónicas sobrepostas de átomos. Por exemplo, como a formação da molécula de H2 é H (Z=1) $1s^1$ ' , trata-se de uma ligação covalente não polar

H+H >11:11

Formação da molécula de cloreto de hidrogénio H (Z=1) $1s^1$ e Cl (Z=17) 3s $3p^{2\ 5}$ Nas moléculas compostas por diferentes átomos (HCl, H_2O, NH_3), o par de electrões está ligeiramente deslocado para o átomo com maior eletronegatividade, por exemplo, na molécula de HCl, o par de electrões está deslocado para o átomo de cloro, porque a eletronegatividade relativa do átomo de cloro (NEM)(283) é superior à do átomo de hidrogénio (2.1). Este tipo de ligação covalente é designado por ligação covalente polar.

Uma ligação química é caracterizada pelo comprimento da ligação, energia da ligação, saturação e directividade. O comprimento de uma ligação química é medido pela distância entre os núcleos dos átomos de uma molécula. Quanto mais curto for o comprimento da ligação, mais forte é a ligação química. A força da ligação química depende principalmente da energia da ligação. A energia de ligação química é igual à energia necessária para quebrar completamente uma ligação numa molécula, e a sua quantidade é expressa em kj/mol.

A saturação da ligação covalente significa que não se pode formar qualquer ligação adicional devido ao facto de não existirem valências vazias no átomo, por exemplo: H_3 e CH são formados como resultado da adição de mais um átomo de hidrogénio (H) ao H2 e CH4 não pode ser formado. Este fenómeno significa que a ligação covalente está saturada. A saturação de uma ligação covalente é também expressa pelo número de electrões desemparelhados no átomo do mesmo elemento. Assim, os electrões que participam na formação de ligações químicas entre átomos são designados por electrões de valência.

A ligação covalente também é caracterizada pela orientação dos electrões. Se os electrões de valência estiverem emparelhados, então, de acordo com a regra de Gund, devido à energia libertada como resultado da fusão de diferentes átomos entre si, o par de electrões preenche as células vazias individualmente. Como resultado, o átomo move-se para o estado de deslocamento.

Por exemplo: Mg, Al, etc.

5.4. Hibridização das orbitais atómicas na formação de uma molécula A ligação covalente tem propriedades como a saturação, a directividade, a multiplicidade e a polarizabilidade.

Como resultado da interação de dois átomos de hidrogénio, forma-se uma ligação covalente e forma-se uma molécula de hidrogénio. A molécula de hidrogénio é afetada pelo terceiro átomo de hidrogénio -H2 , e a molécula H3 não se forma. Ou o quinto átomo de hidrogénio não pode juntar-se à molécula de CH4 para formar a molécula de CH. A teoria da mecânica quântica confirma este fenómeno. Este fenómeno é designado por propriedade de saturação da ligação covalente.

Quando se forma uma ligação covalente entre átomos, as nuvens de electrões de um átomo cobrem as nuvens de electrões do outro átomo, o que faz com que a densidade das nuvens de electrões aumente. Quanto maior for a densidade das nuvens de electrões, mais forte é a ligação química. Quando o eletrão s de um átomo forma uma ligação com o eletrão s de outro átomo, não se manifesta qualquer valência direcional. Por exemplo, não importa de que lado um átomo de hidrogénio se aproxima de outro átomo de hidrogénio, forma-se uma ligação química entre eles. Porque a função de onda dos electrões s é esférica. Devido ao facto de as nuvens de electrões de outras orbitais, cuja função de onda não é esférica, se cobrirem umas às outras, a ligação covalente apresenta, em certa medida, a propriedade da direccionalidade. Por exemplo, a função de onda dos electrões p faz um ângulo de 90° entre si. Assim, o ângulo de ligação entre os átomos deve ser igual a 90°. No entanto, na formação da molécula de amoníaco, o azoto teve de ligar os seus três electrões p aos electrões s do hidrogénio, formando uma ligação de 90° com uma direção específica. De facto, o ângulo de ligação entre os átomos de azoto e de hidrogénio é de $107,3^0$.

Na formação de uma molécula de água, os electrões л de um kilo-rodo formam uma ligação com os electrões s de dois hidrogénios. O ângulo entre os átomos é$^{104.50}$ em vez de^{900} . Poling explicou claramente que, nestes casos, o ângulo de ligação teórico tem um valor superior ao ângulo de ligação real.

De acordo com esta teoria, os electrões 2py e 2pz do átomo de oxigénio, situados nos planos espaciais y e z, participam na formação das moléculas de água. Neste caso, as orbitais dos electrões são perpendiculares entre si. Para que as nuvens de electrões nas orbitais p do átomo de oxigénio e as nuvens de electrões na orbital s do hidrogénio se cubram mutuamente, o átomo de hidrogénio tem de se aproximar do átomo de oxigénio através dos eixos y e z, caso em que o ângulo entre os átomos será igual a 90^0 . Mas na ligação O-H, como o oxigénio é fortemente eletronegativo em comparação com o hidrogénio, o par de electrões entre eles é deslocado em relação ao oxigénio. Assim, o átomo de hidrogénio fica parcialmente carregado positivamente.

Os átomos de hidrogénio carregados positivamente repelem-se mutuamente, o que resulta num aumento do ângulo entre H-O-H. Da mesma forma, pode explicar-se que o ângulo de ligação entre o azoto e o hidrogénio aumenta na formação da molécula de amoníaco.

À medida que os raios atómicos dos elementos no sistema periódico de Mendeleev aumentam, o ângulo de ligação entre compostos aproxima-se dos 90°. A razão para isto é que, à medida que os raios atómicos dos elementos aumentam, a sua eletronegatividade diminui, pelo que o ângulo de ligação se aproxima dos 90° devido ao facto de os átomos de hidrogénio interagirem menos uns com os outros.
A hibridação das orbitais electrónicas desempenha um papel importante na formação de ligações químicas. Um eletrão s e três electrões p participam na formação de uma ligação química no estado excitado do átomo de carbono. Devido ao emparelhamento de quatro electrões de hidrogénio com as quatro orbitais híbridas sp^3 - resultantes, a ligação química está localizada perpendicularmente uma à outra no espaço, e a ligação formada com a participação da quarta, ou seja, a orbital s, não tem a direção que não deveria ter. Mas a experiência não confirma este facto. Na molécula de metano, o átomo de carbono está localizado no centro do tetraedro, e os átomos de hidrogénio estão nas extremidades do tetraedro, e o sistema tem uma forma completamente simétrica.
Na formação do cloreto de berílio, os electrões das orbitais s e p do átomo de berílio participam na formação de ligações químicas. Na molécula, foi necessário formar ligações de diferentes tipos, como pp e sp. Mas na molécula de BeCl2, os átomos de cloro estão localizados simetricamente, ou seja, o ângulo de ligação é de 180°. Este fenómeno foi explicado pela primeira vez pela teoria de Gleiter e Pauling.
De acordo com esta teoria, a diferença entre as energias de orbitais com energias diferentes envolvidas na formação de uma ligação química pode ser representada pela terceira orbital, ou seja, a orbital hibridizada.
Uma orbital híbrida formada pela combinação de uma orbital s com uma orbital p cria uma ligação de 180°, pelo que a molécula tem uma estrutura linear.
Se uma orbital s for hibridizada com duas orbitais r, forma-se a hibridização sp^2 , cujo ângulo entre elas é de 120^0 . Compostos como BCl_3, $B(CN)_3$, $B(OH)_3$ são exemplos de moléculas formadas com a participação de tais orbitais hibridizadas. Nestes compostos, as valências do boro formam um ângulo de 120^0 entre si, e as três valências encontram-se no mesmo plano.
Se uma orbital s for combinada com três orbitais p, forma-se a hibridação sp^3 , o ângulo de ligação na molécula é de 109,28 °. Esta hibridação pode ser encontrada em compostos de elementos de carbono, silício e germânio. Por exemplo: CH_4, $CHCl_3$, CCl_4, $GeCl_4$, $SiCl_4$. A formação de tais orbitais híbridas requer duas energias diferentes:

a) energia de ligação em orbitais;
b) é caracterizada pela energia de repulsão eletrostática devido ao reagrupamento resultante do movimento dos spins dos electrões.

Ambas as energias utilizadas para a hibridação são compensadas pela energia gerada durante a reação química.
Se as orbitais d estiverem envolvidas na hibridação, então observa-se que a forma das moléculas é a seguinte:

sp^2 d - bipirâmide trigonal
sp d^{32} - octaedro
sp d^{33} - bipirâmide pentagonal.

5.5. Ligação iónica

A ligação iónica é explicada com base na teoria eletrostática. De acordo com esta teoria, os iões de carga oposta formados pelo átomo atraem-se mutuamente por meio de forças electrostáticas e formam um sistema estável. Vamos considerar a alteração da energia eletrostática dos átomos envolvidos na formação de um sistema estável. Os seguintes átomos têm este tipo de energia: a) Átomos que perderam um eletrão, ou seja, iões de carga positiva - catiões; b) Átomos com electrões ligados, ou seja, iões de carga negativa, podem formar aniões.
Os átomos do primeiro tipo são designados por electropositivos e os do segundo tipo por electronegativos, se a sua valência eléctrica for igual à carga do ião. Considere o efeito dos átomos gasosos de césio e cloro . A transformação dos átomos em iões ocorre na sequência de dois processos energéticos.
Primeiro, o átomo de césio tem de receber uma certa quantidade de energia para remover um eletrão da sua orbital 6s e tornar-se um ião. Essa energia é chamada de energia de ionização e é denotada pela letra J.

$$Cs_{(gas)} \rightarrow Cs + e - J;\ J = 373\ kj/mol$$

Em segundo lugar, um eletrão de um átomo de césio tem de libertar uma certa quantidade de energia ao emparelhar-se com um eletrão localizado na orbital 3r de um átomo de cloro. Esta energia é designada por afinidade eletrónica do átomo de cloro e é indicada pela letra E:

$$Cl_{(gas)} + e \rightarrow Cl^- + E;\ E = 3.62 \cdot 10^5\ J/mol$$

A quantidade de energia consumida para o processo de ionização do césio e do cloro gasosos é determinada da seguinte forma:

$$3{,}73 \cdot 10^5 - 3{,}62 \cdot 10^5 = 0{,}11\ J/mol$$

Como se pode ver pelos resultados dos cálculos, os átomos afectados são mais estáveis do que os iões, porque têm menos energia.
Ao mesmo tempo, é necessário ter em conta que a formação de atração entre partículas positivas e negativas provoca uma diminuição da energia potencial do sistema. Nesse caso, a sua quantidade está de acordo com a lei de Coulomb O resumo do modelo básico 1 é :

5.6. Ligação metálica

O "ião-átomo metálico" está localizado nos nós das redes cristalinas dos metais. Estes "iões-atómicos" formam-se em resultado da libertação de um ou mais electrões de cada átomo metálico na formação da rede. Estes electrões em estado móvel localizam-se nos espaços da rede cristalina, tal como as moléculas de gás. Na rede cristalina, as forças de atração entre os iões e os electrões dos átomos metálicos nos seus nós são chamadas ligações metálicas.
Uma ligação metálica é uma ligação forte, que determina principalmente as

propriedades de todos os metais. Como os metais têm um fluxo de electrões que se movem facilmente, conduzem bem o calor e a corrente eléctrica. O brilho e as diferentes cores dos metais são explicados pela sua estrutura eletrónica.

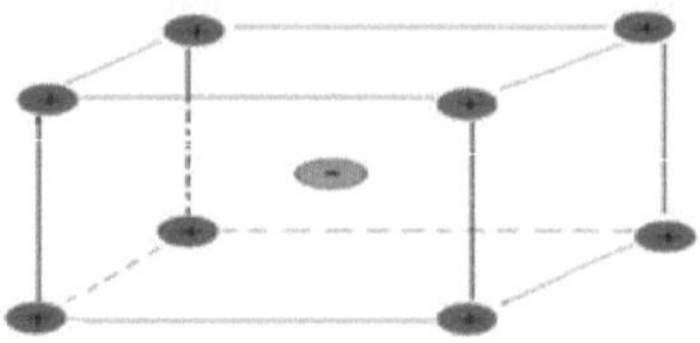

5.1 . Ligação iónica.

5.7. Coordenação e ligação de hidrogénio

Ligação de coordenação _ Uma ligação covalente pode ser formada por pares de electrões de apenas um dos átomos em interação, por exemplo, vejamos a formação do ião amónio NH_{4+}:

$NH_3 + H^+ \wedge NH_4^+$ O azoto tem um par de electrões vazio na molécula de amoníaco.

No ião hidrogénio, a célula de energia das 19 orbitais está vazia N^{+1} NH_3 e N^+ , um par de electrões no azoto torna-se comum aos átomos de azoto e de hidrogénio, pelo que se formam quatro pares de electrões livres no ião NH_4^+ .

Para a formação de uma ligação química, um átomo ou ião que cede o seu par de electrões é chamado dador, e um átomo ou ião que utiliza esse par de electrões para preencher as suas órbitas vazias é chamado aceitador . É por isso que uma ligação deste tipo é designada por ligação dador-acetor ou ligação de coordenação .

Ligação de hidrogénio.

Nos compostos cujas moléculas contêm elementos fortes que não o hidrogénio, como o flúor, o oxigénio, o azoto, por exemplo, HF, H_2O, NH_3 , o par de electrões comum é mais deslocado do hidrogénio para o elemento eletronegativo. Por conseguinte, para além de formar uma ligação básica com estes elementos, o átomo de hidrogénio forma uma ligação adicional com um elemento de outra molécula. Esta ligação química adicional é designada por ligação de hidrogénio e é representada por pontos:

H-O.........H-O **H -F......... H -F**

| **|(HF)**

HH

$(H_2O)_2$

A energia de uma ligação de hidrogénio é cerca de 10 vezes menor do que a energia de uma ligação química simples. (21-29 kj /mol).

Forças intermoleculares

As moléculas são electroneutras ou saturadas, quando se aproximam umas das outras, surgem forças de atração entre as moléculas. Estas forças entre moléculas são designadas forças intermoleculares ou forças de Van der Waals.

Existem três tipos de forças de Van der Waals intermoleculares: forças de orientação, de indução e de dispersão.

1. As forças de orientação surgem apenas entre moléculas polares. Quando as moléculas polares são aproximadas umas das outras, os seus pólos com a mesma direção evitam-se mutuamente e os pólos com direcções opostas são atraídos uns pelos outros. Como resultado, as moléculas polares são dispostas e orientadas numa determinada ordem no espaço. O efeito do ião de orientação manifesta-se fortemente em moléculas com um grande momento de dipolo (NH3 , H2O, etc.), e o momento de dipolo é fraco em substâncias pequenas.

2. Forças indutivas. Q forma-se quando moléculas polares e não polares se aproximam uma da outra, porque quando uma molécula não polar se aproxima de uma molécula polar, uma molécula não polar torna-se polarizada; perto da molécula polar, formam-se cargas opostas, e cargas da mesma direção formam-se na parte distante. Como resultado, uma molécula não polar torna-se um dipolo de indução. Existe uma atração mútua entre elas.

3. Forças de dispersão . Uma molécula é um sistema dinâmico, no qual os electrões estão sempre em movimento e o núcleo está em vibração, pelo que a carga não pode estar sempre uniformemente distribuída. Por exemplo, a molécula de Cl_2 é uma molécula não polar. O seu momento de dipolo é zero. Mas, em cada momento, a carga pode deslocar-se para um dos átomos de cloro e pode formar-se um microdipolo momentâneo. A mudança de estado eletrónico num átomo ou molécula é muito rápida; acontece -10-16 vezes por segundo. Um dipolo instantâneo pode atrair uma molécula vizinha. Estas forças são chamadas forças de dispersão. Estas forças ocorrem não só entre moléculas, mas também entre átomos. As moléculas não polares não podem ser levadas ao estado líquido sem efeito de dispersão. Ressaltamos que as forças intermoleculares são apenas forças gravitacionais. São fundamentalmente diferentes dos efeitos das forças químicas (porque existem forças de atração e repulsão nas forças químicas), a energia das forças intermoleculares /é expressa por 1,67-17,55 J mol.

5.8. Estados amorfos da matéria

Uma substância sólida pode ser amorfa ou cristalina, dependendo das condições de cristalização.

1 . Estado amorfo . É considerado um líquido super-resfriado com uma elevada porosidade de substâncias amorfas. No estado amorfo da substância, alguns átomos e moléculas estão dispostos de forma irregular. As substâncias amorfas não têm uma determinada temperatura de fusão, amolecem gradualmente quando aquecidas e depois liquefazem-se. Nas substâncias amorfas, a condutividade eléctrica e térmica, a velocidade de propagação da luz e outras propriedades não dependem da temperatura. Estas substâncias são designadas por substâncias isotrópicas. Exemplos de substâncias amorfas são as resinas sólidas, os polímeros, o vidro, etc.

As substâncias amorfas são líquidos com uma viscosidade $10^{to\ 15}$ vezes superior à da água. Por isso, a sua cristalização dá-se lentamente, mesmo ao longo de centenas de anos.

2 Estado cristalino. Um cristal é uma substância que tem uma forma geométrica correta. As suas partículas estão dispostas na extremidade. A forma cristalina das

substâncias é estudada pela ciência da cristalografia. Os cristais dividem-se em sistemas cúbicos, tetragonais, rômbicos, hexagonais, monoclínicos e triclínicos.
As substâncias cristalinas têm temperaturas de fusão e de fusão e formas geométricas específicas, as suas propriedades (condutividade eléctrica e térmica, resistência mecânica, coeficiente de dilatação térmica) variam em diferentes direcções, esta propriedade chama-se anisotropia .
A principal caraterística da formação de cristais é a propriedade de formar arestas rectas (lados) por si só. Por exemplo, ao evaporar lentamente uma solução aquosa de sal de cozinha, o NaCl separa-se como um sólido cristalino claramente visível, plano e sujo.
A principal diferença entre uma substância cristalina e uma substância amorfa é a sua porosidade. Por exemplo, o vidro pode ser transformado num cubo que se assemelha à forma exterior de um cristal de cloreto de sódio, mas o vidro não tem uma estrutura cristalina. É por isso que quando o vidro é atingido com força, parte-se em pedaços de qualquer forma. Como resultado do grande impacto, o cristal de cloreto de sódio desintegra-se em cristais com determinados ângulos que se cruzam. Este fenómeno foi descoberto por Stenon em 1669. Este fenómeno é designado por "lei da constância dos ângulos entre as pernas". A sua essência é que o ângulo entre os lados do cristal tem sempre o mesmo valor para uma dada substância.
Por exemplo, num cristal de quartzo com uma forma externa diferente, o ângulo entre arestas semelhantes é sempre igual a 38° 13' .

Teste os seus conhecimentos

1. A que é que se chama uma ligação química?
2. Qual é a relação entre ligação química e valência?
3. O que é uma ligação iónica e como ocorre essa ligação?
4. O que é uma ligação covalente?
5. Em que é que as ligações covalentes polares e não polares diferem umas das outras?
6. Como é que ocorre uma ligação metálica?
7. Em que substâncias se encontram as ligações de hidrogénio?
8. O que é que as ligações químicas têm em comum?
9. O que é a ligação de coordenação?
10. Como é que se forma uma conjunção coordenativa?
11. Explique que ligações estão presentes na seguinte molécula:
$CaCl_2$, HCl, O_2, Cl_2, H_2S, N_2, KBr.

CAPÍTULO VI

PRINCIPAIS CLASSES DE SUBSTÂNCIAS INORGÂNICAS.

6.1. Óxidos e respectivos nomes

Óxidos: Os compostos de oxigénio dos elementos são designados por óxidos.

K_2O, Al_2O_3, Cl_2O_7 .

O=S=O

As substâncias complexas formadas como resultado da combinação de óxidos com água são chamadas. Por exemplo, os produtos da combinação de CrO_3 com água, $H_2Cr_2O_4$, $H_2Cr_2O_7$ são oxidados.

Métodos de obtenção:

1. Aquecimento:

$C + O_2 = CO_2$

$S+O_2=SO_2$ $2Mg+O_2=2MgO$

2. Aquecer a água salgada:

$CaCO_3 = CaO + CO_2$

3. Aquecer o básico:

$2Al(OH)_3 = Al_2O_3 + 3H_2O$

4. Ácidos de aquecimento:

$H_2CO_3=CO_2+H_2O$

5. Combustão de compostos:

$C_2H_5OH + 3O_2 = 2CO_2 + 3H_2O$

Os óxidos dividem-se em 5 tipos:

6. Óxidos básicos
7. Óxidos ácidos.
8. Óxidos anfotéricos
9. Óxidos neutros.
10. Óxidos duplos

Os óxidos que reagem com ácidos para formar sal e água são designados por óxidos básicos.

Por exemplo, Ag_2O, CaO, HgO, MnO, NiO

$$CaO + 2HCl = CaCl_2 + H_2O$$

$$CaO + H_2O=Ca(OH)_2$$

Os óxidos produzidos pelos metais são designados por óxidos ácidos.

Por exemplo, CO_2, SO_2, SO_3 , N_2O_3, N_2O_5, SO_3, P_2O_5 .

Óxidos anfotéricos:

Os óxidos que possuem simultaneamente propriedades básicas e ácidas são designados por óxidos anfotéricos. Os óxidos anfotéricos também reagem com ácidos para formar sais e água.

$$ZnO+2HCl=ZnCl_2+H_2O$$

$$ZnO + 2KOH = K_2ZnO_2+H_2O$$

Óxidos como o Al_2O_3 , CrO_3 , MnO_2 são óxidos anfotéricos.

6.2. Exemplos e suas propriedades

Ácidos. Os ácidos são substâncias complexas constituídas por resíduos ácidos e átomos de hidrogénio que podem ser trocados por metais. O número de átomos de hidrogénio de uma molécula de ácido que podem ser trocados por metais indica a basicidade do ácido, bem como a valência do resíduo ácido. HC1 (1), H_2S (2), H_3BO_4(3), H_2CO_3(4), HNO_3(1), H_2SO_4(2), H_3PO_4(3).

Ácidos:

ENTÃO 3+H_2O = H_2SO_4

$N_2O_5+H_2O=2HNO_3$

$H_2+Cl_2=2HCl$

$H_2+S=H_2S$

$AgNO_3+HCl=AgCl+HNO_3$

$2NaNO_3+2H_2SO_4=Na_2SO_4+2HNO_3$

Ácidos:

1. O ácido mudou a sua composição. Torna o alaranjado de metilo vermelho.
2. Interação de metais com ácidos.

$H_2SO_4+Zn=ZnSO_4+H_2$

$HNO_3+CuO=Cu(NO_3)_2+H_2O$

$H_2SO_4+2KOH=K_2SO_4+2H_2O$

$2NaNO_3+H_2SO_4=Na_2SO_4+2HNO_3$

6. 3 . A molhos e sais

A molhos

Os hidratos de óxidos básicos são designados por bases. O hidróxido de amónio ocupa um lugar especial entre as bases que se dissolvem bem em água. A maioria das bases é insolúvel em água. Quando se escreve a fórmula das bases, a seguir ao símbolo do metal, qual a sua valência, escreve-se tanto hidroxilo.

NaOH, $Mg(OH)_2$, $Al(OH)_3$

Obter o essencial:

Como resultado da ação dos metais alcalinos e alcalino-terrosos sobre a água, formam-se álcalis que emitem livremente hidrogénio.

$2Na+2H_2O=2NaOH+H_2$

$Ca+2H_2O=Ca(OH)_2+H_2$

$K_2O+H_2O=2KOH$

$CaO+H_2O=Ca(OH)_2$

A hidróxidos mfotéricos

Os hidróxidos pouco solúveis em água e que reagem tanto com ácidos como com bases são designados por hidróxidos anfotéricos.

Exemplo :

$Be(OH)_2$, $Zn(OH)_2$, $Al(OH)_3$, $Cr(OH)_3$, $Sn(OH)_2$, $Pb(OH)_2$

$Zn(OH)_2+2HCl=ZnCl_2+2H_2O$

$H_2ZnO_2+2NaOH=Na_2ZnO_2+2H_2$

Sais

As substâncias complexas formadas em resultado da substituição total ou parcial dos átomos de hidrogénio de um ácido por átomos de metal são designadas por sais. Sais: divididos em sais médios, ácidos, duplos e básicos.

1. Sais médios ou normais. Na_2SO_4, $Al_2(SO_4)_3$

obter dicas:

1) $Zn + H_2SO_4 = ZnSO_4 + H_2$

2) $Cu + 8HNO_3 = 3Cu(NO_3)_2 + 2NO + 4H_2O$

3) $CaO + 2HCl = CaCl_2 + H_2O$

4) $H_2SO_4 + 2NaOH = Na_2SO_4 + 2H_2O$

5) $CO_2 + Ca(OH)_2 = CaCO_3 + H_2O$

6) $2NaCl + H_2SO_4 = Na_2SO_4 + 2HCl$

7) $CuSO_4 + 2NaOH = Cu(OH)_2 + Na_2SO_4$

8) $AgNO_3 + NaCl = AgCl + NaNO_3$

Sais ácidos

O de ácido polibásico Um sal ácido é produzido como resultado de um inchaço parcial

$$H_3PO_4 + KOH = KH_2PO_4 + H_2O$$

$$H_3PO_4 + 2KOH = K_2HPO_4 + H_2O$$

$NaCl + H_2SO_4 = NaHSO_4 + HCl$

$$NaOH + CO_2 = NaHCO_3$$

Os sais duplos são formados pela reação de duas bases diferentes com ácidos secretos:

$$2H_2SO_4 + KOH + Al(OH)_3 = KAl(SO_4)_2 + 4H_2O$$

$$H_3PO_4 + NH_4OH + Ca(OH)_2 = NH_4CaPO_4 + 3H_2O$$

Sais complexos

Quando as bases anfotéricas reagem com dois sais ou álcalis diferentes ou por outros métodos, formam-se sais complexos:

$4KCN + Fe(CN)_2 = K_4[Fe(CN)_6]$ Sal amarelo de sódio

$3KCN + Fe(CN)_3 = K_3[Fe(CN)_6]$ Vermelho q no sal

6.4. Tipos de reacções químicas

As reacções químicas dividem-se nos seguintes tipos, de acordo com os estados inicial e final e as quantidades das substâncias:

- reação de acoplamento;
- reação de substituição;
- reação de separação;
- reação de deslocamento.

A reação de acoplamento refere-se à reação de duas ou mais substâncias simples e complexas para formar uma nova substância complexa.

Em geral: $A + B + C... D \rightarrow$

Em exemplos concretos:

$$C + O_2 = CO_2$$

$$CaO + H_2O = Ca(OH)_2$$

$$2SO_2 + O_2 = 2SO_3$$

$$NH_3 + HCl = NH_4Cl$$

$$CaCO_3 + H_2O + CO_2 = Ca(HCO_3)$$

Uma reação de decomposição refere-se à transformação (decomposição) de uma substância complexa noutras substâncias.

Em geral: A + B $\rightarrow$ C... verifica-se que as reacções de dissociação são o processo inverso das reacções de fusão.

Em exemplos concretos:

$$Ca(OH)_2 \rightarrow CaO + H_2O$$

$$NH_4OH \rightarrow NH_3 + H_2O$$

$$AgNO_3 \rightarrow Ag + NO + O_2$$

$$(NH_4)_2Cr_2O_7 \rightarrow N_2 + Cr_2O_3 + 4H_2O$$

A reação de substituição refere-se ao processo pelo qual os átomos de uma substância simples tomam o lugar de um átomo de um elemento na molécula de uma substância complexa e formam uma nova substância simples ou complexa.

Em geral: 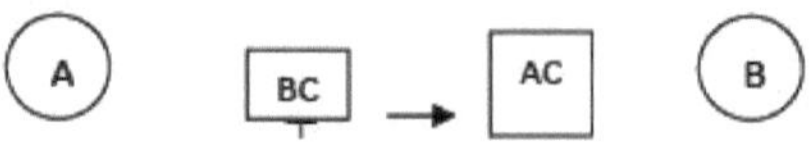

+

Em exemplos concretos:

$Fe + CuSO_4 = FeSO_4 + Cu$

$$Zn + 2HCl = ZnCl_2 + H_2$$

$2KI + Cl_2 = 2KCl + I_2$

A reação de deslocamento refere-se ao processo de formação de novas substâncias complexas como resultado da troca mútua de componentes de duas substâncias.

Este tipo de reação é semelhante à reação de substituição, mas a diferença é que na reação estão envolvidas substâncias complexas que são trocadas pelos seus componentes.

Em geral: + + + 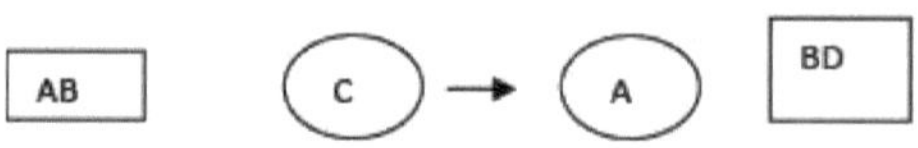

Em exemplos específicos : $BaCl_2 + H_2SO_4 = BaSO_4\downarrow + 2HCl$

$$CaCO_3 + 2HCl = CaCl_2 + H_2O + CO_2\uparrow$$

$$NaOH + HNO_3 = NaNO_3 + H_2O$$

As reacções de deslocamento ocorrem principalmente em soluções, e os principais "participantes" da reação são partículas com cargas diferentes - iões. Por isso, na maioria dos casos, estas (de acordo com o mecanismo) são também estudadas entre as reacções de troca iónica.

CAPÍTULO VII

EFEITO TÉRMICO DAS REACÇÕES QUÍMICAS (TERMOQUÍMICA)

7.1. Reacções ekzo e endotérmicas

A forma de movimento de qualquer substância é observada pela mudança de energia. A energia que representa uma unidade de matéria é chamada de energia química. de energia , ganha apenas de um tipo para outro numa proporção equivalente. Por exemplo:

$1eV=4,88*10^{-10}$: $299,8=1,602*10^{-12}$ erg; Como 1 mole do elemento contém átomos iguais ao número de Avagadro, multiplicamos por $1.602*10^{-12}$ e $6,02*10^{23}$, e uma vez que 1 $kcal=4,184*10^{10}$ erg, dividimos por $4,184*10^{10}$: $1,602*10^{-12}$ x(6,02 *10 23/4,184*10^{10})=23,06 kcal/mol resulta. Para o expressar em kJ/mol, multiplica-se 23,06 por 4,184:

1eV=23,06 *4,184= 96,48 kJ/mol resultados.

Num determinado sistema, num volume fechado (em condições normais), a soma de todos os tipos de energia é inalterada quando não há influência do meio externo.

Qualquer sistema tem a sua própria reserva total de energia. A energia interna do sistema é de particular importância nos processos químicos. A energia interna consiste na energia vibracional e rotacional da molécula, dos átomos da molécula, dos electrões do átomo, da energia do núcleo atómico, etc.: mas não inclui a energia potencial e cinética de todo o sistema, pelo que a energia interna é a energia do próprio sistema.

é possível encontrar a variação de energia interna (U) do sistema de substâncias como resultado do processo; $AU=U_2-U_1$.

O ramo da química que analisa a energia libertada (ou absorvida) durante as reacções químicas é designado por termoquímica. Os processos químicos termoquímicos dividem-se em reacções endotérmicas e exotérmicas. As reacções químicas com libertação de calor são chamadas reacções exotérmicas. Neste caso, a energia interna da substância diminui. Por exemplo, a reação de combustão do hidrogénio:

$$2H_2+O_2=2H_2O+Q$$

A energia interna do hidrogénio e do oxigénio obtida na reação (U_1) é maior do que a energia interna do produto H_2O (U_2), ou seja, $U_1>U_2$. A energia libertada -Q é encontrada a partir da seguinte diferença;

$$Q= U_1-U_2$$

As reacções com absorção de calor são designadas por reacções endotérmicas. Por exemplo: reação de decomposição da água a alta temperatura

$$2H_2O=2H_2+O_2-Q$$

vai para a despesa do consumo de energia. Assim; $U_1<U_2$.

Como no exemplo anterior, denotamos a energia de reserva das substâncias iniciais por U_1 e a energia de reserva do produto por U_2, e obtemos a seguinte equação: $-Q=U_1-U_2$ ou $U_1-U_2=-Q$.

7.2. Energia interna e entalpia

As reacções químicas ocorrem normalmente a pressão constante (por exemplo, num balão aberto) ou a volume constante (por exemplo, num autoclave). Os processos que ocorrem a pressão constante são designados isobáricos e os processos que ocorrem a volume constante são designados isocóricos. Num processo isobárico, o calor Q $^{\Delta 1}$ é utilizado para transformar a energia interna do sistema em U e para realizar trabalho contra a força externa A:

$$Q= \Delta U+A \text{ or } \Delta U=Q-A.$$

uma força externa i é o trabalho efectuado contra uma pressão externa para alterar o volume do sistema em $\Delta \upsilon$

$$A=P(\upsilon_2 - \upsilon_1)=R \Delta \upsilon.$$

Assim, o efeito térmico do processo isobárico

Q é igual a $_p = \Delta u+R\Delta \upsilon$

o Asum Au+R Auby H.

Segue-se que $Q_p = H_2 - H_1 =$ AH.

AO valor de H é designado por variação de entalpia (capacidade calorífica). Assim, num processo isobárico, o efeito térmico é igual à variação de entalpia do sistema. Num processo isocórico, o volume do sistema não se altera e não é efectuado qualquer trabalho contra forças externas. Por conseguinte, A=Q. Então $Q=U_2 - U_1 =$. ΔU.

Assim, se a reação química tiver lugar a um volume constante, o calor libertado ou absorvido Q é igual à variação da energia interna do sistema.

7.3. Reacções termoquímicas

As equações químicas mostram a mudança qualitativa e quantitativa do processo, em que quantidades as substâncias iniciais foram tomadas para a reação, e quanto de que substância foi formada como resultado da reação. Nas equações termoquímicas, para além destas, são indicadas a quantidade de calor absorvida ou libertada e os estados agregados das substâncias. Por exemplo, a equação termoquímica para a combustão de sulfureto de hidrogénio no ar é

$$2H_2S_{(g)}+3O2_{(g)}=2H_2O\text{vapor}+2SO2_{(g)}+1036 \text{ kJ}.$$

A energia libertada na reação (1036 kJ) é designada por efeito térmico da reação (RIE). O RIE refere-se à quantidade de energia libertada ou absorvida durante uma reação química a temperatura e pressão constantes. O RIE é geralmente determinado em condições padrão. O RIE depende da temperatura, do estado da matéria (e da pressão para substâncias gasosas). Se, no exemplo anterior, se formar água líquida como resultado da combustão de H_2S, o valor do RIE será o seguinte

$$2H_2S_{(g)}+3O2_{(g)}=2H_2O_{(s)}+2SO2_{(g)}+1125,49 \text{ kJ}$$

Podemos certificar-nos de que $Q_p = \Delta\text{- } H \text{ or } \Delta H = - Q_p$___

Por exemplo;

$$2 H2_{(g)}+O2_{(g)}=2 H_2O_{(g)}$$

equação termoquímica da reação;

$$2 H2_{(g)}+O2_{(g)}=2 H_2O_{(g)}+484 \text{ kJ}$$

é escrita na forma A equação termodinâmica dessa reação é a indicada em q ;

$$2\,H_2(g)+O_2(g)=2\,H_2O(g)$$

A variação de entalpia quando um mol de um composto é formado a partir de substâncias simples a pressão e temperatura constantes, a entalpia de formação da mesma substância $\Delta H\ h_{b.}\ i$.é chamada Depende da temperatura q e é chamada de entalpia padrão de formação. A tabela abaixo q mostra a entalpia padrão de formação de algumas substâncias. A entalpia padrão de formação de substâncias simples é assumida como sendo zero q é pendurada.

7.4. A lei de Hess e as suas conclusões

O efeito térmico da reação pode ser determinado utilizando a lei básica da termoquímica descoberta pelo cientista russo GI Hess em 1840. A lei de GI Hess é definida da seguinte forma: o efeito térmico da reação não depende da forma como o processo é realizado, mas apenas dos estados inicial e final do sistema.

O efeito térmico de um processo químico realizado de uma forma é igual à soma algébrica dos efeitos térmicos de algumas reacções básicas. Por exemplo, a grafite pode ser oxidada a CO_2 por dois métodos.

$C_{(gr)}+O_{2(g)}\rightarrow CO_{2(G)}\quad(\Delta H).$

O segundo método: esta reação é realizada em duas fases . A primeira fase é a seguinte

$C_{(gr)}+0.5O_{2(g)}\rightarrow CO_{(g)}(\Delta H_1)$ e, na segunda fase, tem lugar a reação seguinte;

$CO_{(g)}+(1/2)O_{2(g)}\rightarrow CO_{2(g)}(\Delta H_2)$ de acordo com a lei de Hess;

$\Delta H_1+\Delta H_2=\Delta H$

, $\Delta H=-393.5$ kJ; $\Delta H_1=-110.5$ kJ; $\Delta H_2=-283$ kJ

A realidade, $H_1+\Delta H_2=-110.5+(-283)=-393.5$ kJ

A lei de Hess só é válida a pressão constante ou a volume constante.

A seguinte conclusão decorre da lei de Hess;

1. Lei de Lavoisier-Laplace. O efeito térmico da *decomposição de um composto químico em substâncias simples* (ΔH_p) *é igual ao efeito térmico da formação de um composto químico a partir de substâncias simples* (ΔH_x), *mas tem o sinal oposto:*

$+\Delta H_p=-\Delta H_x$

Por exemplo, o calor é libertado quando o cálcio é oxidado para formar óxido de cálcio:

$Ca+0.5O_2=CaO;\quad \Delta H_x=-635.5$ kJ/mol

Quando o óxido de cálcio se decompõe, esta quantidade de calor é absorvida

$CaO\rightarrow Ca+(1/2)O_2;\ \Delta H_p=+635.5$ kJ/mol

2. ΔH_{reak} é igual à diferença da soma dos efeitos térmicos de as substâncias obtidas para a reação a partir da soma dos efeitos térmicos das

formação do produto.

$$\Delta H_{reak} = \Sigma\Delta H_{maxs} - \Sigma\Delta H_{start.mod}$$

aqui; ΔH_{reak} é o efeito térmico da reação, $\Sigma\Delta H_{max}$ é a soma dos calores de formação dos produtos da reação, $\Sigma\Delta H_{dast.mod}$ é a soma dos calores de formação das substâncias iniciais.

Entropia.

Processo químico - duas situações que ocorrem ao mesmo tempo; ocorre como resultado da transferência de energia de um corpo para outro e de uma mudança no arranjo ordenado das partículas em relação umas às outras. As partículas (átomos, iões, moléculas) tendem a mover-se desordenadamente, pelo que o sistema tenta passar de um estado ordenado para um estado desordenado. Por exemplo, quando uma botija de gás é ligada a uma botija vazia, o gás ocupa o volume da botija vazia. Neste caso, o sistema passa de um estado mais ordenado para um estado mais desordenado, e a quantidade proporcional à quantidade do estado desordenado é a entropia do sistema (S) .

A entropia é uma função muito importante que caracteriza os estados que podem ocorrer na matéria e que se alteram continuamente. Para caraterizar o estado de uma substância constituída por várias moléculas, é necessário conhecer a temperatura, a pressão e outros parâmetros termodinâmicos do sistema, ou as coordenadas instantâneas (x, u, z) de cada molécula e a sua velocidade nestas três direcções.

No primeiro caso, é apresentado o estado macro do sistema e, no segundo, o estado micro. Cada macroestado é obtido à custa de muitos microestados. O número de microestados que formam um macroestado é chamado de probabilidade termodinâmica de um estado (W).

A relação entre a probabilidade de ocorrência de um estado da matéria e a sua entropia foi descrita pela primeira vez pelo cientista alemão Bolsmann na sua teoria da flutuação térmica. Ele mostrou que a entropia é proporcional ao logaritmo da probabilidade do estado da matéria;

$$S = k \ln W,$$

Aqui: k- constante de Bolsman k=R/N (R- constante universal dos gases, N- número de Avagadro).

Uma vez que a entropia é uma função termodinâmica do estado do sistema, a sua quantidade depende da massa da substância representada.

Por conseguinte, é conveniente determinar o valor da entropia para 1 mol de substância (J/mol*grau), que se designa por entropia absoluta da substância e se exprime da seguinte forma

$$S=k \ln W=k *2{,}303 \lg W$$

Utilizando o valor da entropia absoluta das substâncias, é possível determinar a variação de entropia do sistema. Na seguinte reação química: aA+bB=sS+dD.

alteração da entropia (ΔS)

$(\Delta S)=(s*S_s+d*S_D)-(a*S_A+b*S_V)$ g a or

$\Delta S=\sum S_{max}-\sum S_{dastmod}$ g a t e ng.

Quando o sistema passa de um estado ordenado para um estado desordenado, a forma líquida transforma-se em vapor. Por exemplo, a entropia absoluta da água S = 70,08 J /(m o l*gr a d o), a do vapor de água S=188,72 J/ (m o l * gr a d o) g a t e ng.

A variação da entropia numa reação química pode ser expressa pela variação do volume do sistema reacional e pelo tempo: _ _ _

$S_{grafit}+S\ O_{2(g)}$; $\Delta S=175.4$ J/(m o l*gr a d)

Por exemplo, o volume é médio, o que significa que a entropia também é média. _ _ _ - - -

V o d o r o dg a O volume e a entropia do sistema azoto - redutor são os seguintes: $3N2 + N_2 = 2NH_3$; — — — — — — — — — $\Delta S=$ -180,2J/(m o l*gr a d).

A razão entre a soma do calor absorvido pelo corpo no processo isotérmico e a temperatura absoluta (T) do corpo é a quantidade de entropia do corpo

$$S=\frac{Q}{T}$$

Abs o lut t e mp e r a t ure da soma do calor absorvido pelo corpo num processo isotérmico, a variação da entropia m o dd a (ΔS) O efeito térmico (Q) deste processo Relativamente à temperatura absoluta (T) :ΔS = - T

Teste os seus conhecimentos

1. Qual é o efeito térmico das reacções químicas?
2. a 2ª lei da termodinâmica .
3. Explicar a lei de Lavoisier-Laplace.
4. Explicar a lei de Hess ?
5. Sabe-se que o calor de formação do CO_2 é de 94,0 kcal (393,9), o do H_2O_2 é de 68,4 kcal (286,6); Determinar o efeito térmico da reação de combustão do álcool etílico $C_2H_5OH+3CO_2=2CO_2+2H_2O+Q$.
6. O que é uma reação exotérmica?
7. O que é uma reação endotérmica?
8. Que tipo de reação química se designa por equação termoquímica?
9. Dar exemplos de reacções termoquímicas?
10. O que é a entropia?
11. O que é a entalpia?

CAPÍTULO VIII

CINÉTICA QUÍMICA E EQUILÍBRIO QUÍMICO

8.1.

Velocidade das reacções químicas em sistemas homogéneos e heterogéneos

8.1. A cinética química é um ramo que estuda a velocidade das reacções químicas e os vários factores que afectam a velocidade da reação.

Sabe-se que, como resultado de qualquer acontecimento químico, uma substância transforma-se noutra substância. Isto acontece durante um certo período de tempo com a diminuição da quantidade da substância inicial e o aumento da quantidade da substância recém-formada, ou seja, cada reação prossegue com uma certa velocidade. Com base nesta consideração, definimos a velocidade da reação química.

A velocidade da reação é a alteração da concentração dos reagentes numa unidade de tempo.

Neste caso, a concentração é expressa pelo número de moléculas grama da substância num litro de solução, e o tempo é expresso em minutos ou segundos. Por exemplo, a velocidade das reacções de decomposição das substâncias é de 0,4 mol/l por minuto, o que significa que a concentração da substância testada diminui 0,4 mol por minuto em 1 litro de solução.

Os principais factores que afectam a velocidade da reação:

A velocidade de qualquer reação depende da natureza, concentração, temperatura e catalisador das substâncias que reagem.

A velocidade de reação depende da natureza dos reagentes :

Um conjunto de uma ou mais substâncias que ocupam um determinado volume é chamado de sistema. A componente do sistema que forma o sistema e que está separada entre si por uma superfície limite é designada por fase . Os sistemas monofásicos são designados por sistemas homogéneos (homogéneos), sistemas com duas ou mais fases e sistemas heterogéneos (com diferentes fases).

Uma reação num sistema homogéneo é uma reação homogénea , e uma reação num sistema heterogéneo é um exemplo de uma reação heterogénea

$$H_{2}+Cl_{2}=2HCl$$

As reacções entre sólidos e gases e líquidos são exemplos de reacções heterogéneas:

$C_{(q)}+O_{2(g)}=CO_{2(g)}$ é um sistema de duas fases

$Zn+H_2SO_4=ZnSO_4+H_2\uparrow$ f sistema trifásico _

Sistema de combustão interna homogéneo numa reação heterogénea, colide apenas na superfície da fase sólida. Com base nisto, as reacções homogéneas e heterogéneas têm velocidades cinéticas diferentes.

uma reação homogénea é medida pela alteração da concentração molar das substâncias que reagem numa unidade de tempo. A velocidade das reacções heterogéneas está relacionada com o nível grande e pequeno da fase sólida.

Com base nisto, a taxa média das reacções homogéneas e heterogéneas é expressa pela seguinte fórmula.

$$V_{гом} = -\frac{c_2 - c_1}{t_2 - t_1} = -\frac{\Delta c}{\Delta t}$$

Aqui, ΔS, Δt é a alteração da concentração molar das substâncias iniciais.

$$V_{гем} = \frac{n_2 - n_1}{S \cdot (t_2 - t_1)} = \frac{\Delta n}{S \cdot \Delta t}$$

Neste caso, Δn, Δt é a alteração da quantidade de substâncias iniciais.
S é a área da superfície do sólido.

8.2. Lei do efeito de massa

Dependência da velocidade de reação química em relação à concentração:
A velocidade da reação química depende da concentração; quanto maior for a concentração, maior será o número de moléculas por unidade de volume, pelo que colidem mais vezes e tornam-se produtos da reação, o que faz com que a reação seja mais rápida. Com o passar do tempo, a velocidade da reação química diminui. Isto deve-se ao facto de a concentração dos reagentes diminuir com o tempo e de a probabilidade de as moléculas colidirem umas com as outras diminuir.
O estudo da dependência da velocidade de reação em relação à concentração dos reagentes conduziu à descoberta da lei da ação das massas (1867). Esta lei foi descoberta por Guldberg e Waage e é expressa da seguinte forma "A velocidade das reacções químicas a uma temperatura constante é diretamente proporcional ao produto das concentrações dos reagentes."
Se existirem coeficientes estequiométricos na equação de reação, estes são tidos em conta e escritos na notação: Para a seguinte equação de reação escrita na forma geral

$$nA + mB = pC + dD$$

Com base na lei da ação das massas, a velocidade de reação é expressa da seguinte forma

$$V = KC^n{}_A + \cdot C^n{}_B \text{ ou } V = K[A]^n \cdot [B]^m$$

$$2NO_{(g)} + O_{2(g)} = 2NO_2 \text{ reação homogénea}$$

$$4Al_{(k)} + 3O_2 = Al_2O_{3(q)} \text{ reação heterogénea}$$

A velocidade destas reacções é expressa da seguinte forma, de acordo com a lei da ação das massas:

$$V_{гом} = k[NO]^2 \cdot [O_2]; V_{гем} = k[O_2]^3$$

k -constantes da velocidade de reação
$[NO]$ e $[O_2]$- a concentração de *NO* e *O*.
2.3 coeficientes estequiométricos colocados à frente da fórmula das substâncias iniciais.
A constante de velocidade das reacções depende da natureza das substâncias que interagem, da temperatura e do catalisador, e não depende da concentração.

8.3. Regra de V ant-Hoff

Dependência da velocidade de reação com a temperatura

Um aumento da temperatura provoca normalmente um aumento acentuado da velocidade de reação. A velocidade de reação depende da temperatura de acordo com a regra de Van't-Hoff (1852-1911): quando a temperatura aumenta até 10^0 C , a velocidade de reação aumenta 2-4 vezes. A expressão matemática desta regra é a seguinte:

$$V_{t_2} = V_{t_1} \cdot \gamma^{\frac{t_2 - t_1}{10}}$$

Neste caso, a velocidade da reação depois de a temperatura v_{t_2} - subir para V -l_2 ,a velocidade inicial da reação à temperatura t_1 , g- o coeficiente de temperatura da reação, isto é, o número que indica em quanto aumenta a velocidade da reação quando a temperatura das substâncias que reagem aumenta de 10^0 C. Por exemplo, se o coeficiente de temperatura da reação for igual a 4, quanto aumentará a velocidade da reação quando a temperatura subir de 10^0 C para 50^0 C ?

Comer :

$$V_{50} = V_{10} \cdot 4^{\frac{50-10}{10}} = 4^4 = 256$$

ocorre apenas quando as moléculas dos reagentes colidem umas com as outras. Nas reacções químicas, as ligações entre as moléculas das substâncias que reagem são quebradas, são criadas novas ligações e, como resultado, formam-se novos compostos. Quando as partículas da substância em reação colidem, o tempo de contacto é tão curto que apenas as moléculas activas reagem. Com o aumento da temperatura, a velocidade de movimento das moléculas aumenta e, consequentemente, o número de colisões num determinado período de tempo também aumenta.

8.4. Factores que afectam a taxa de resposta imunitária Efeito do catalisador na taxa de reação

O catalisador é uma substância que participa nas fases intermédias das reacções e forma compostos intermédios activos que aumentam a velocidade da reação, mas não altera a sua composição química e quantidade como resultado da reação. Por exemplo, a reação de oxidação do SO_2 e formação de SO_3 sob a ação de um catalisador de NO é representada pela seguinte equação

$$2SO_2 + O_2 \xleftarrow{[NO]} 2SO_3$$

Nesta reação, forma-se a substância intermédia ativa NO_2, que acelera a oxidação do SO_2 :

$$O_2 + 2NO = 2NO_2$$

Depois :

NÃO 2+ ENTÃO 2= ENTÃO 3+ NÃO

Algumas substâncias reduzem a velocidade da reação. Estas substâncias *são designadas por inibidores* .

As reacções com a presença de um catalisador são designadas por reacções catalíticas e o ramo especial da química que estuda as reacções catalíticas é designado por catálise. A catálise é de dois tipos:

1. Catálise homogénea
2. Catálise heterogénea.

A catálise homogénea ocorre quando o estado agregado dos reagentes e do catalisador é o mesmo, e a catálise heterogénea ocorre quando é diferente.

8.5. Processos de catálise homogénea e heterogénea. Reacções em cadeia

As substâncias que alteram a velocidade de reação e que não fazem parte dos produtos da reação são denominadas catalisadores. Como já foi referido, uma das formas de aumentar a velocidade de reação é diminuir a energia de ativação da reação. A energia de ativação das reacções é reduzida com a ajuda de catalisadores: a maioria dos catalisadores aumenta a velocidade da reação milhares de vezes. Nos processos inversos, o catalisador altera igualmente a velocidade das reacções direta e inversa. Assim, permite encontrar rapidamente o equilíbrio sem alterar a magnitude da constante de equilíbrio. A alteração da velocidade de reação sob a influência de um catalisador é designada por fenómeno de catálise. A catálise divide-se em dois tipos: a catálise homogénea e a catálise heterogénea. Se o catalisador e os reagentes se encontrarem numa única fase, designa-se por catálise homogénea . Na catálise heterogénea, os reagentes e o catalisador encontram-se em fases diferentes. Na catálise heterogénea, o catalisador é frequentemente uma substância sólida. A essência do efeito do catalisador na velocidade da reação é a formação de um composto intermédio entre o reagente e o catalisador. Reação lenta

$$A + B = AB$$

é acelerada devido à formação do intermediário reativo A Cat

$$A + Kat = AKat$$

O composto intermédio AKat reage com a primeira substância secundária V obtida para formar a substância AV

$$AKat + B \rightarrow AB + Cat$$

A partir do esquema considerado, tornou-se conhecido que cada partícula do catalisador pode participar na reação várias vezes. Um exemplo de catálise homogénea é a oxidação do ácido sulfídrico com oxigénio no ar:

$$O_2 + 2H_2SO_3 = 2H_2SO_4$$

(A) (B) (AB)

Esta reação é muito rápida. No entanto, no caso do óxido de azoto (II), esta reação não é necessária.

$$O_2 + 2NO = 2NO_2$$

(A) (Cat) (AKat)

$$2NO_2 + 2H_2SO_3 = 2H_2SO_4 + 2NO$$

Reacções em cadeia . Para além das reacções de uma, duas e muitas moléculas com mecanismos simples, existem também reacções complexas com um mecanismo em cadeia. Estas reacções foram estudadas pela primeira vez por Bodenstein em 1913 na reação de formação de HCl sob a influência da luz. O serviço do académico

NNSemyonov e dos seus alunos é grande no enriquecimento e estudo da teoria das reacções em cadeia. As reacções em cadeia estão muito difundidas, a explosão simples (oxidação - combustão), as reacções de polimerização, etc. seguem um mecanismo em cadeia. As reacções em cadeia têm várias caraterísticas. Segundo a teoria de NNSemyonov, para que a reação em cadeia se inicie, é necessário formar um centro ativo. Este centro ativo é formado por átomos insaturados de valência ou radicais. Por exemplo,

$$H_2 + Br_2 = 2HBr$$

Na reação, sob a influência da luz, a molécula de bromo dissocia-se primeiro e forma um átomo de bromo:

$$Br_2 + hy \rightarrow Br^* + Br^*$$

Como o hidrogénio é mais difícil de dissociar do que o bromo, este não se dissocia. O átomo de bromo é o centro ativo que inicia a reação e reage com a molécula de hidrogénio:

$$Br^* + H_2 = HBr + H^*$$

O átomo de hidrogénio formado torna-se um centro ativo e reage com a molécula de bromo. Como resultado da reação, forma-se um novo centro ativo - o átomo de bromo. Este processo continua continuamente:

1. $Br_2 + hy^* = Br + Br^*$

2. $Br^* + H_2 = HBr + H^*$ ramificação da reação da fase II

3. $H^* + Br_2 = H\,Br + Br^*$

4. $Br^* + H_2 = H\,Br + H^*$

5. $H^* + Br^* = H\,Br$ III terminação da reação de Bochech

$Br^* + Br^* = Br_2$

$H^* + H^* = H_2$

8.6. Equilíbrio imunitário K e factores que o afectam

Um conjunto de corpos com um determinado volume limitado é designado por sistema. Os componentes do sistema interagem entre si. O sistema é homogéneo, ou seja, homogéneo (por exemplo, uma mistura de gases, uma solução de gases ou de sais) e heterogéneo, ou seja, é delimitado por uma superfície de separação com propriedades físicas e químicas diferentes, ou é composto por várias partes. Um exemplo é uma mistura de água e querosene, mercúrio e água, água e sólidos. Um sistema homogéneo é constituído por uma fase e um sistema heterogéneo é constituído por duas ou mais fases. A maior parte das reacções químicas é completa. Por exemplo, quando o sal de Bertole é aquecido, decompõe-se em sal de cloreto de potássio e oxigénio:

para C -

$$2KClO_3 \rightarrow 2KCl + 3O_2$$

Mas, nestas condições, o sal de cloreto de potássio e o oxigénio combinam-se para formar o sal de Bertol. Por conseguinte, estas reacções são praticamente irreversíveis, ou seja, são chamadas reacções unidireccionais. A reação entre o pó de óxido de ferro e o hidrogénio tem um carácter diferente:

$$Fe_3O_4 + 4H_2 \Leftrightarrow 3Fe + 4H_2O$$

Nestas condições, o ferro e a água podem reagir e formar as substâncias iniciais:

$$3Fe + 4H_2O \Leftrightarrow Fe_3O_4 + 4H_2$$

Assim, ocorrem duas reacções opostas à mesma temperatura. Um processo que pode ocorrer nos dois sentidos sob uma mesma condição é chamado de processo reversível, ou seja, um processo bidirecional. Para mostrar que os processos químicos são reversíveis, são colocadas duas setas em direcções opostas em vez do sinal de igual na equação da reação:

$$Fe_3O_4 + 4H_2 \Leftrightarrow 3Fe + 4H_2O$$

As reacções em sentido contrário, nas mesmas condições, normalmente não chegam ao fim.

A maior parte das reacções químicas são reversíveis, ou seja, vão em sentido contrário ao mesmo tempo, porque os produtos da reação nela formados reagem entre si e voltam a formar as substâncias obtidas para a reação:

$$aA + bB \Leftrightarrow sS + dD$$

De acordo com a lei da ação das massas, a velocidade da reação da direita (da esquerda para a direita) é diretamente proporcional ao produto de A e à concentração das substâncias (as concentrações das substâncias são normalmente expressas em concentração molar). Assim, a velocidade da reação correta é:

$V_1 = K_1 C_A^a \cdot C_v^v$ é representado pela fórmula.

em que: V_1 é a velocidade da reação correta, K_1 é a constante de velocidade da reação correta, $S^a{}_A$ -A é a concentração da substância, C_v^v é a concentração da substância V.
A velocidade da reação inversa, por sua vez, é expressa da seguinte forma:

$$V_2 = K_2 \cdot C_c^{s} \cdot C_d^d$$

em que K_2 é a constante de velocidade da reação inversa, V_2 é a velocidade da reação inversa, $S^s{}_s$ é a concentração da substância S e $S^d{}_D$ é a concentração da substância D.
Ao longo do tempo, à medida que as concentrações das substâncias que reagem diminuem, a velocidade da reação direta V_1 diminui e a velocidade da reação inversa V_2 aumenta, porque as concentrações das substâncias recebidas diminuem e as concentrações das substâncias formadas aumentam. Finalmente, após um certo tempo, as suas velocidades tornam-se iguais ($V_1 = V_2$) e, como resultado, estabelece-se o equilíbrio químico. O estado em que as velocidades da reação correta e da reação inversa são iguais é designado por equilíbrio químico. As concentrações de equilíbrio das substâncias que participam na reação são designadas por concentrações de equilíbrio. Como já foi referido, durante o equilíbrio químico $V_1 = V_2$, ou seja

$K_1 \cdot S_A^a \cdot C_v^v = K2 \cdot \_ S_s^{c} \cdot S_d^d$ será.

1 e K_2 são quantidades constantes a uma determinada temperatura, a sua razão é também uma quantidade constante:

$$K_1/K_2 = K \text{ ou } Ks = C^c{}_s . C^d d / S_A^a . C_v^v$$

8.7. L e-Chatelet

O efeito da concentração, pressão e temperatura no equilíbrio químico é explicado com base no princípio de Le-Chatelet. O princípio de Le-Chatelet é definido da seguinte forma: "Se um sistema num estado de equilíbrio químico é influenciado pelo exterior e uma das suas condições é alterada, o processo que tende a reduzir essa influência externa no sistema aumenta."

Consideraremos o efeito da concentração, temperatura e pressão no equilíbrio químico com base no princípio de Le-Chatelet.

O efeito da temperatura no estado de equilíbrio químico

De acordo com o princípio de Le-Chatele, quando a temperatura de um sistema em equilíbrio químico é aumentada, o equilíbrio químico desloca-se para o lado da reação em que a temperatura diminui, ou seja, o calor é absorvido. Inversamente, a diminuição da temperatura desloca o equilíbrio químico para o lado da reação que liberta calor. Assim, o aumento da temperatura favorece a reação endotérmica e a diminuição favorece a reação exotérmica. Por exemplo:

$$2SO_2 + O_2 \Leftrightarrow 2SO_3 + 19.6\ kJ$$

Se considerarmos o sistema de equilíbrio representado pela equação, uma vez que a formação de SO3 é uma reação exotérmica, de acordo com o princípio de Le-Chatele, quando a temperatura é aumentada, o O2 é libertado, ou seja, o equilíbrio desloca-se da direita para a esquerda no seguinte sentido

$$2SO_3 \Leftrightarrow 2SO_2 + O_2$$

Pelo contrário, quando a temperatura é reduzida, o SO 2e o O2 combinam-se para formar SO3 , ou seja, o equilíbrio $2SO_2 + O_2 \Leftrightarrow 2SO_3$ passa para o lado da reação.

De acordo com o princípio de Le-Chatelet, um aumento da temperatura aumenta a reação que ocorre com a absorção de calor, por exemplo, numa mistura reacional em estado de equilíbrio de amoníaco, azoto e hidrogénio, ocorrem simultaneamente dois processos opostos:

$$N_2 + 3H_2 \leftrightarrow 2NH_3 + 22\ kcal$$

O primeiro processo é a libertação de calor e o segundo é a absorção de calor. Por conseguinte, se a temperatura for aumentada, a quantidade relativa de amoníaco na mistura reacional diminui; pelo contrário, se a temperatura for reduzida, o rendimento do amoníaco deve aumentar.

Efeito da pressão no equilíbrio químico

Quando a pressão é aumentada, o equilíbrio químico desloca-se no sentido da reação em que se forma um pequeno número de moléculas de gás e, quando a pressão diminui, desloca-se no sentido da reação em que se forma um grande número de moléculas. Por exemplo, na síntese do amoníaco a partir do hidrogénio e do azoto, a reação prossegue com uma diminuição do volume total. Porque 3 moles de hidrogénio e 1 mole de azoto produzem apenas 2 moles de amoníaco. Assim, a uma temperatura constante e num recipiente fechado, a pressão dos produtos desta reação é menor do que a pressão das substâncias iniciais, ou seja, a pressão diminui durante a síntese do

amoníaco. Quando o amoníaco se decompõe, a pressão aumenta. Assim, quando a pressão aumenta, o equilíbrio químico desloca-se para o sentido correto da reação $N_2 + 3H_2$ ^$2NH_3$. Quando a pressão diminui, pelo contrário, a quantidade relativa de amoníaco diminui, o equilíbrio químico desloca-se para $2NH_3$
$N_2 + 3H2$.

Efeito da concentração no equilíbrio químico

Se a concentração de uma das substâncias do sistema que se encontra em estado de equilíbrio químico for aumentada, a reação em que essa substância é consumida aumenta. Por exemplo, se se adicionar $CO_2 + H_2$ $CO + H_2O$ a um sistema em equilíbrio, o sistema tende a reduzir a concentração de CO_2, ou seja, o equilíbrio químico passa para a reação $CO_2 + H_2$ ^-CO + H_2O. Pelo contrário, se a concentração de CO_2 for reduzida, o sistema tende a aumentá-la, ou seja, o equilíbrio químico desloca-se no sentido da reação seguinte:

$$CO + H_2O\ CO_2 + H_2$$

Teste os seus conhecimentos

1. O que é que a cinética química ensina?
2. O que é a constante de velocidade e de que depende o seu valor?
3. Explicar os sistemas homogéneos e heterogéneos.
4. Qual é a razão para o efeito da concentração na velocidade da reação?
5. Descrever a lei da ação das massas e mostrar a sua expressão matemática.
6. Qual é a razão para o efeito da temperatura na velocidade de reação?
7. Explicar a regra de Van't-Hoff e mostrar como se exprime.
8. Dê exemplos do efeito da temperatura na velocidade da reação.
9. Explicar sucintamente a teoria da ativação.
10. Que reacções são designadas por reacções em cadeia?
11. A que é que se chama uma mudança de equilíbrio?
12. O que é o princípio de Le Chatelet?

CAPÍTULO IX

SOLUÇÕES. MÉTODOS PARA EXPRIMIR A CONCENTRAÇÃO DE SOLUÇÕES

9.1.. Soluções. Sistemas dispersos homogéneos e heterogéneos Quando pequenas partículas de uma substância se distribuem por outra substância, o sistema resultante é designado por sistema disperso. O termo deriva da palavra latina "dispergerre", que significa "dispersar". A substância dispersa é designada por fase dispersa e a segunda substância é designada por meio de dispersão. A fase dispersa e o estado agregado do meio de dispersão, o tamanho das partículas são importantes.

Se o peso específico da substância que forma a fase dispersa for superior ao do líquido, este afunda-se; se for leve, o líquido flutua à superfície. Por conseguinte, todos os sistemas dispersos são divididos em três classes, consoante o tamanho das partículas. Os sistemas dispersos com diâmetros das partículas da fase dispersa superiores a 100 mm são designados por sistemas dispersos grosseiros. Estes incluem a suspensão (dispersão de uma substância sólida num líquido), a emulsão (dispersão de um líquido num líquido) e as espumas (dispersão de uma substância gasosa num líquido).

Os sistemas com o tamanho das partículas do sistema disperso de 1 a 100 microns são chamados de sistemas dispersos coloidais . Os sistemas em que o tamanho das partículas da fase dispersa é inferior a 1 цт são chamados de soluções verdadeiras ou sistemas molecularmente dispersos . As partículas de um sistema disperso grosseiro podem ser vistas com um microscópio, mas as partículas de um sistema coloidal não podem ser vistas com um microscópio comum. Só podem ser vistas com um ultramicroscópio.

O açúcar ou o sal de mesa na água começa a dissolver-se na água. Por exemplo, se adicionarmos 20 g de sal de mesa a 100 g de água, após algum tempo este sistema tornar-se-á homogéneo e formar-se-á um sistema molecularmente disperso. As partículas de sal dissolvidas não podem ser vistas nem mesmo ao microscópio.

Os sistemas homogéneos (homogéneos) constituídos por duas ou mais substâncias são designados por soluções . As soluções podem ser líquidas, sólidas e gasosas. Por exemplo, uma solução de açúcar e uma solução de álcool em água são soluções líquidas. Mas as ligas de cobre e zinco e as ligas de cobre e argila são soluções sólidas. O ar é uma solução gasosa de oxigénio, azoto, gases inertes e dióxido de carbono.

9.2. Soluções insaturadas, saturadas e supersaturadas

Durante a fusão, as partículas libertadas da superfície das substâncias sólidas tendem a distribuir-se uniformemente no volume da solução devido ao fenómeno de difusão, ou seja, as moléculas da substância solúvel tentam deslocar-se de áreas de elevada concentração para áreas de baixa concentração. Em geral, durante a fusão, ocorrem dois processos opostos. Um é a transição de partículas de uma substância para uma solução e o outro é a transição de partículas de uma solução para uma substância sólida. Naturalmente, o processo de fusão é rápido no início. Depois, este processo abranda e o processo inverso começa a acelerar. Após um certo tempo, o número de partículas que passam do sólido para a solução por unidade de tempo é igual ao número de partículas que passam da solução para o sólido. Estabelece-se um equilíbrio entre a parte dissolvida da substância e a parte não dissolvida, ou seja, a solução está saturada, a velocidade de dissolução é igual à velocidade de sedimentação. Assim, uma solução em que se estabelece o equilíbrio entre a parte dissolvida e a parte não dissolvida é chamada de solução saturada. A concentração de uma solução saturada igual a um valor constante a uma temperatura constante indica a solubilidade da substância. Quando a temperatura muda, a concentração da solução saturada altera-se definitivamente. Por vezes, é possível manter a concentração da solução saturada inalterada, baixando gradualmente a temperatura. A concentração dessa solução é mais elevada do que a concentração de saturação correspondente à mesma temperatura. Estas soluções são designadas por soluções supersaturadas.

Uma solução cuja concentração é menor do que a concentração de uma solução saturada é chamada de solução insaturada . A maioria das substâncias são pouco solúveis em água, algumas substâncias são praticamente insolúveis.

A concentração de uma solução saturada é chamada de solubilidade da mesma substância.

9.3. Fenómeno O smos e pressão osmótica

Pressão osmótica. Se o solvente e o semicondutor estiverem separados por uma barreira (membrana), as moléculas de solvente podem passar facilmente através deste semicondutor, mas as moléculas de soluto não podem. A difusão é unilateral. A função desta membrana semi-condutora é desempenhada pelas paredes intestinais dos organismos vivos, pela pele e pelas folhas das plantas, pelas membranas artificiais (gelatina, celofane, etc.).

A difusão unidirecional de um solvente numa solução é designada por osmose . A força osmótica correspondente à unidade de superfície semicondutor-membrana é designada por pressão osmótica da solução.

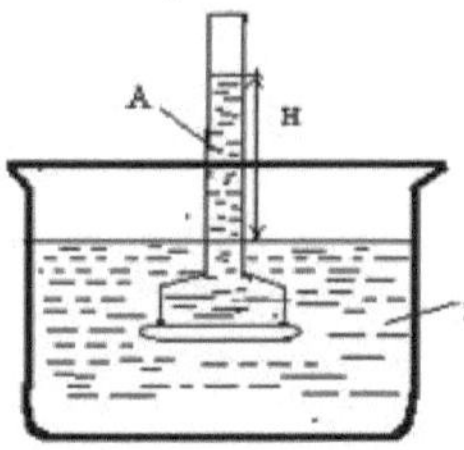

A odisseia da osmose pode ser observada diretamente no osmómetro. Se colocarmos um recipiente com uma solução (A) num recipiente com um solvente (B), as moléculas do solvente começarão a passar através do semi-condutor e, consequentemente, o nível do líquido no recipiente interior (A) diminuirá em conformidade. ' desaparece. A coluna resultante desta subida da solução A pressão hidrostática de (h) ajuda as moléculas do solvente que entram pela superfície a sair do recipiente através da camada semicondutora. Finalmente, a subida da solução pára no tubo interior (A). A coluna em que o líquido se desloca depende da concentração da

solução e da temperatura.
correspondente ao estado de equilíbrio do sistema, é a caraterística mais importante da osmose e constitui a pressão osmótica . Assim, a pressão hidrostática que interrompe o fenómeno osmótico é igual à pressão osmótica . A pressão osmótica foi medida pela primeira vez por W. Pfeffer (1877) e ele criou a seguinte lei :

1 A uma temperatura constante, a pressão osmótica da solução é proporcional à concentração do soluto .

2 A pressão osmótica é proporcional à temperatura absoluta da solução.

A semelhança entre as leis de Pfeffer e as leis dos gases de Boyle - Mariot, Gay-Lussac e Avogadro foi observada pela primeira vez por Van't-Goff em 1886. Ele combinou essas leis e criou uma equação para a pressão osmótica semelhante à equação dos gases ideais, que tem o seguinte aspeto :

$$P = C * R * T$$

Aqui: C - concentração molar da solução, R - constante dos gases, T - temperatura absoluta, P - pressão osmótica.

A relação entre gases e soluções é denominada lei de Van't-Hoff , e é definida da seguinte forma ; A pressão osmótica da solução é igual à pressão do gás observada quando a substância dissolvida está no estado gasoso à mesma temperatura e ocupa um volume igual ao volume da solução. Para soluções diluídas, a lei de Avagadro é definida de acordo com i q casa; O número de moléculas de soluto é o mesmo em e ritmos tomados em igual volume e com a mesma pressão osmótica . Se 1 mol de substância for dissolvido em 22,4 litros de solvente a 0° C , a pressão osmótica da solução será igual a uma atmosfera . A pressão osmótica é medida em atmosferas . As soluções com a mesma pressão osmótica são chamadas soluções isotónicas .

No caso da osmose, o solvente desloca-se de uma solução de baixa concentração para uma solução de alta concentração, ou seja, nos processos osmóticos, o solvente difunde-se através de um semi-condutor no sentido de igualar a concentração de duas soluções em contacto uma com a outra. A pressão osmótica das plantas desempenha um papel muito importante na vida. Por exemplo, os processos de digestão de nutrientes nos animais, a excreção de substâncias pelos rins, a passagem de soluções subterrâneas para as raízes das plantas e a sua distribuição para o corpo das plantas, e outros processos estão relacionados com a osmose.

9.4. E pressão de vapor rítmica . Leis de Raoul

A esta temperatura, a pressão de vapor saturado de cada líquido tem uma unidade constante. A partir de experiências, verifica-se que a dissolução de uma substância num líquido leva a uma diminuição da sua pressão de vapor saturada. Assim, a pressão de vapor saturada do solvente acima da solução é sempre maior do que a da solução pura à mesma temperatura.

Em 1887, Raoul anunciou a lei da pressão de vapor saturado. A diminuição relativa da pressão de vapor saturado acima da solução é igual à fração molar da substância dissolvida.

A expressão matemática da lei de Raoult é expressa pela seguinte equação:

$$P_0 - P/P = N_2$$

aqui, P oé a pressão de vapor saturada do solvente puro; P - pressão de vapor da solução; N_2 - fração molar absoluta.

descobriram que o aumento da temperatura de ebulição e a diminuição da temperatura de congelação para soluções diluídas de electrólitos são proporcionais à concentração da solução:

$$\Delta T_{boiling} = \in Cm\ E$$

$$\Delta T_{freezing} = k\ Cm$$

onde, Cm-concentração em massa molar (molalidade); ee k constantes ebulioscópicas (ebulição) e crioscópicas (congelação), que dependem da natureza do solvente e não dependem da natureza da substância dissolvida. Na determinação da massa molecular das substâncias, os métodos ebulioscópico e crioscópico são utilizados para medir as temperaturas de ebulição e de congelação das soluções, ou seja:

Mt = e. a. 1000 /v . método ebul o sco pic

Mt = k. a. 1000/v. Método crioscópico de congelação de dentes

9.5. Métodos para exprimir a concentração de soluções

As soluções com uma grande quantidade de soluto na solução são chamadas soluções concentradas, e as soluções com uma pequena quantidade são chamadas soluções diluídas. O soluto presente numa determinada massa ou quantidade volumétrica de uma solução ou solvente é designado por concentração de uma solução quantitativa. A concentração das soluções é expressa de várias formas.

Concentração percentual. Indica quantos gramas de soluto existem em 100 g de solução e é expressa em percentagem.

A concentração percentual (C%) pode ser expressa pela seguinte fórmula:

$$C\% = \frac{m}{m_1} \cdot 100$$

Neste caso, m é a massa da substância solúvel,

m_1 é a massa da solução .

Se a massa da solução for expressa pela sua densidade (d) e volume (V

$$m_1 = d \cdot V,\ C\% = \frac{m}{d \cdot V} \cdot 100$$

) , uma vez que

Concentração molar - é expressa pelo número de moles de substância dissolvida, em gramas, num litro de solução e é denotada por M. Os números à frente de M indicam a molaridade da concentração da solução. Por exemplo, 2M Na_2CO_3 é uma solução 2 molar de soda, e 2 moles, ou seja, 106^2 = 212 g de soda, estão dissolvidos em 1 litro dessa solução.

Se designarmos a concentração molar por C_M, o volume da solução por V, a massa do solvente por m_1 e a sua massa molecular relativa por Mr, a relação entre eles é expressa pela seguinte fórmula

$$C_M = \frac{m_1 \cdot 1000}{Mr \cdot V}$$

A concentração molar é expressa pelo número de gramas de substância dissolvida em 1 kg de solução.

Por exemplo: se 0,5 mol de uma substância for dissolvido em 1 kg de água, essa solução é designada por solução 0,5 molal.

A concentração molar pode ser expressa pela seguinte fórmula:

$$C_{\ddot{e}l\ddot{e}\,\ddot{e}\ddot{u}} = \frac{m_1 \cdot 1000}{Mr \cdot m_2}$$

Aqui, m 1 e m 2 são as massas do soluto e do solvente em gramas, e Mr é a massa molecular relativa do soluto.

Concentração normal ou equivalente. O soluto é representado pelo número de equivalentes em 1 litro de solução e é denotado por n ou N. A concentração normal pode ser expressa pela seguinte fórmula:

$$C_H = \frac{m_1 \cdot 1000}{Э \cdot V}$$

V - no cálculo do m i lhitro

V - volume das soluções nas fórmulas ;

m 1 - a massa da substância solúvel ;

E é o equivalente do soluto em gramas .

As soluções com a mesma normalidade reagem sem resíduos em volumes iguais, porque o número de equivalentes da substância dissolvida é igual nelas. Por exemplo, 98:2=49 g de ácido sulfúrico, 98:3=32,67 g de ácido fosfórico e 342:6=57 g de sulfato de alumínio devem ser tomados para preparar 1 l 1 de solução normal.

Título. Em química analítica, a concentração das soluções é frequentemente expressa por título. A massa de soluto em 1 ml de solução, em gramas, é designada por título e é indicada pela letra T.

Existe uma relação entre a concentração normal da solução e o seu título, como se segue.

$$T = \frac{E \cdot Cn}{1000}$$

o título de uma solução de NaOH 0,1 N

$$T = \frac{40 \cdot 0{,}1}{1000} = 0{,}004 gr / ml$$

Se a massa da solução e a substância nela dissolvida forem conhecidas, o título da solução é determinado dividindo ***a massa da*** $T = \frac{m}{V}$ substância t pelo volume da solução V.

3 O CO 3 é dissolvido em 100 ml de solução de soda, o título da solução é:

$$T = \frac{0{,}256}{100} = 2{,}56 \cdot 10^{-3} gr / ml$$

Teste os seus conhecimentos

1. Que sistema é designado por solução? Qual é a sua composição?
2. Quais são os tipos de soluções? Dê uma breve explicação.
3. Como é encontrada a fração mássica do soluto? Explique com um exemplo?
4. Como é calculada a concentração molar? Explique com um exemplo.
5. Como é calculada a concentração normal? Explique com um exemplo.
6. Qual é o título da solução?
7. Explicar o significado das leis de Raoult?
8. Explicar a pressão osmótica?
9. O que é um sistema disperso?
10. Quais são os tipos de sistemas dispersos?

CAPÍTULO X

DISSOCIAÇÃO ELECTROLÍTICA. IONIZAÇÃO DA ÁGUA , pH

10.1. Dissociação electrolítica

A corrente eléctrica é o movimento de partículas carregadas numa determinada direção. Todas as substâncias condutoras de eletricidade estão divididas em dois tipos. No primeiro tipo de condutores, a eletricidade passa através do movimento dos electrões, e no segundo tipo de condutores, através do movimento dos iões. Por exemplo, os metais são condutores de primeiro tipo e os electrólitos são condutores de segundo tipo.

Em geral, as substâncias são divididas em electrólitos e não electrólitos. As substâncias que conduzem eletricidade quando dissolvidas em água ou quando secas e liquefeitas estão incluídas na lista de electrólitos. Nem as soluções de electrólitos nem os líquidos são condutores de eletricidade. As soluções e os líquidos de ácidos, bases e sais em água são condutores de eletricidade. A maior parte deles é composta por iões positivos e negativos no estado sólido. Por exemplo, o cloreto de potássio, o hidróxido de sódio, etc. Nos sólidos, os iões positivos e negativos estão fortemente ligados uns aos outros e não podem mover-se livremente. Quando uma substância sólida é transferida para o estado de solução ou líquido, a força de atração mútua entre os iões positivos e negativos diminui e, consequentemente, os iões ficam livres para se moverem.

Quando os electrólitos são dissolvidos em água, as moléculas polares da água afectam o eletrólito e dividem-no em iões positivos e negativos. Os iões positivos são chamados catiões e os iões negativos são chamados aniões.

Até 1887, a passagem da corrente eléctrica através de soluções electrolíticas era erradamente explicada com base na teoria de Grotkus; segundo Grotkus, as substâncias presentes na solução só podem ser decompostas em iões positivos e negativos sob a influência da corrente eléctrica.

Em 1887, o cientista sueco S. Arrhenius, com base nos resultados da medição da condutividade eléctrica de soluções ácidas de diferentes concentrações, chegou à conclusão de que os ácidos se podem dissociar em iões, mesmo sem corrente eléctrica, ou seja, dissociação electrolítica, e apresentou a teoria da ionização. A essência desta teoria consiste nas três conclusões seguintes.

1. Os electrólitos desintegram-se em iões positivos e negativos quando dissolvidos em água.
2. Quando a solução recebe uma corrente eléctrica, sob a influência da corrente, os iões positivos deslocam-se para o cátodo e os iões negativos para o ânodo.
3. Nem todos os electrólitos se desintegram em iões na mesma medida: alguns desintegram-se mais, outros desintegram-se menos. A dissociação completa ou incompleta dos iões dos electrólitos depende da natureza do eletrólito, da concentração da solução, da natureza do solvente e da temperatura. O processo de dissociação do eletrólito é um processo reversível. Ao mesmo tempo que ocorre o processo de

ionização, ocorre também o processo de recombinação de iões positivos e negativos (molização). Por isso, quando se escrevem equações de ionização, utilizam-se duas setas que apontam em direcções opostas, por exemplo

$$NH_4OH \leftrightarrow NH_4^+ + OH^-$$

$$CH_3COOH \leftrightarrow H^+ + CH_3COO^-$$

10.2. K electrólitos fortes e fracos

Os electrólitos cujas moléculas se dissociam pouco, mesmo em soluções diluídas, são designados electrólitos fracos. Estes electrólitos incluem alguns ácidos (CH_3COOH, HSN, H_2CO_3), bases (NH_4OH e bases orgânicas) e alguns sais ($Hg(CN)_2$, $PbCl_2$, $HgCl_2$, FeF_2).

A condutividade eléctrica das soluções de electrólitos fracos depende do número de iões presentes na solução. Para a dissociação de electrólitos fracos, a lei da ação das massas pode ser aplicada a soluções diluídas. A teoria de Arrhenius também se aplica apenas a soluções de electrólitos fracos. Os electrólitos que se dissociam completamente em soluções de diferentes concentrações são chamados electrólitos fortes. A sua taxa de dissociação teórica é próxima de 100%. Os electrólitos fortes incluem quase todos os sais, ácidos fortes e bases fortes. As forças interiónicas de atração entre iões em soluções de electrólitos fortes são grandes.

A teoria de Arrhenius não se aplica a electrólitos fortes.

Após a determinação da estrutura atómica e dos tipos de redes cristalinas, na década de 1920, foi necessário fazer várias adições à teoria de Arrhenius. Foi então introduzida a teoria dos electrólitos fortes. De acordo com esta teoria, as substâncias dissociam-se completamente em iões quando dissolvidas em água.

Por exemplo, as soluções de sal de mesa contêm apenas iões Na^+ e Cl^- e nenhuma molécula de NaCl. Na solução de NaCl, o NaCl deve estar 100% dissociado.

10.3. Taxa e constante de dissociação

Taxa de dissociação e constante de dissociação. Os iões positivos e negativos formados como resultado da dissociação de um eletrólito estão em constante movimento, podem colidir uns com os outros e formar novas moléculas. Por conseguinte, o processo de ionização é um processo reversível. Dois processos opostos, dissociação e molarização, estão sempre a ocorrer na solução e, após um certo período de tempo, o equilíbrio será determinado.

O grau de dissociação é utilizado para caraterizar a quantidade de eletrólito que se encontra no estado de iões.

A razão entre o número de moléculas dissociadas em iões e o número de todas as moléculas da substância dissolvida é designada por grau de dissociação do eletrólito e é indicada pela letra a.

O conceito de grau de dissociação (a-alfa) foi introduzido para quantificar a dissociação do eletrólito. O grau de dissociação mostra a quantidade total de moléculas de eletrólito dissolvidas que são separadas em iões e é igual à razão entre o número de moléculas ionizadas (n) e o número total de moléculas de eletrólito dissolvidas (N):

$$\alpha = n/N$$

O valor de a é expresso sem unidades de medida (0-1) e em percentagens (0-100%).

De acordo com o valor do nível de dissociação, os electrólitos são divididos em electrólitos fortes, médios e fracos. Se o grau de dissociação do eletrólito for a < 30% (0,3), trata-se de um eletrólito fraco, se 30 < a < 60% (0,3 < a < 0,6), trata-se de um eletrólito médio forte, a > 60 Se for (0,6), é designado por eletrólito forte.

Os electrólitos são separados em iões até um certo ponto nas suas soluções em água. Segundo Arrhenius, a razão para a falta de dissociação completa é que os iões formados simultaneamente com a separação das moléculas em iões na solução combinam-se e voltam a transformar-se em moléculas.

A velocidade de dissociação diminui à medida que se separa em moléculas, mas a velocidade de inter-associação dos iões aumenta. Finalmente, a velocidade dos dois processos torna-se igual. A partir deste momento, estabelece-se o equilíbrio entre moléculas e iões na solução. Depois disso, o número de iões e de moléculas na solução permanece inalterado. Para caraterizar esta situação, foi introduzido o conceito de nível de dissociação.

iões em relação ao número de todas as moléculas da substância dissolvida é designado por grau de dissociação do eletrólito.

O grau de dissociação é indicado pela letra a . a depende da natureza do eletrólito, da temperatura e da concentração. À medida que a concentração da solução diminui, o grau de dissociação aumenta.

Por exemplo, numa solução 0,1n de ácido acético, $\alpha =$ 1,341%, numa solução 0,03n, $\alpha =$ 2,45%.

Para determinar o grau de dissociação dos electrólitos, podem ser utilizadas as temperaturas de congelação, a pressão osmótica e de vapor ou a condutividade destas soluções.

Reacções iónicas. Nas soluções electrolíticas, a reação não ocorre entre moléculas, mas entre os iões da substância dissolvida. As reacções que ocorrem nas soluções electrolíticas não se apresentam sob a forma de uma equação molecular, mas sob a forma de uma equação iónica em três linhas: 1) molecular; 2) iónica e 3) é expressa sob a forma de uma equação que mostra a participação dos iões.

Quando se escreve uma equação iónica, os electrólitos fortes estão na forma iónica; as substâncias de baixa dissociação, difíceis de dissolver e gasosas são escritas na forma molecular.

Para que a reação se processe em soluções electrolíticas, é necessário que se formem: 1) substâncias difíceis de dissolver, 2) substâncias gasosas, 3) substâncias pouco dissociáveis. Se estas substâncias não se formarem, não haverá reação.

1. A formação de uma substância difícil de dissolver. Por exemplo:

$$BaCl_2 + H_2SO_4 \leftrightarrow BaSO_4 + 2HCl$$

$$Ba^{2+} + 2Cl^- + 2H^+ + SO_4^{2-} \leftrightarrow BaSO_4\downarrow + 2H^+ + 2Cl^-$$

$$Ba^{2+} + SO_4^{2-} \leftrightarrow BaSO_4\downarrow$$

Ba^{2+} e os iões SO_4^{2-} nas reacções mencionadas combinam-se para formar $BaSO_4$.

Se na reação se formarem poucas substâncias solúveis, então muito pouca substância solúvel precipitará primeiro.

2. Formação de substância gasosa. Por exemplo:

$$K_2SO_3 + 2HCl \leftrightarrow 2KCl + H_2SO_3 \; {}^{\nearrow H_2O}_{\searrow SO_2}$$

$$2K^+ + SO_3^{2-} + 2H^+ + 2Cl^- \leftrightarrow 2K^+ + 2Cl^- + H_2O + SO_2\uparrow$$

$$2H^+ + SO_3^{2-} \leftrightarrow H_2O + SO_2\uparrow$$

como se pode ver acima, quando se forma uma substância instável, de fácil decomposição e volátil, as reacções iónicas vão até ao fim.

3. Formação de compostos menos dissociáveis. Um exemplo disto é a formação de água pouco dissociável e electrólitos fracos como resultado da reação, por exemplo:

$$KOH + HCl \leftrightarrow KCl + H_2O$$

$$K^+ + OH^- + H^+ + Cl^- \leftrightarrow K^+ + Cl^- + H_2O$$

$$OH^- + H^+ \leftrightarrow H_2O$$

Na superfície do precipitado na solução existem iões da substância dissolvida. Se um ião de um composto solúvel se combina com um solvente, então a substância dissolve-se. Por exemplo:

$$Pb(OH)_2\downarrow + 2HCl \leftrightarrow PbCl_2\downarrow + 2H_2O$$

$$Pb(OH)_2\downarrow + 2H^+ + Cl^- \leftrightarrow PbCl_2 + 2H_2O$$

Neste exemplo, o $PbCl_2$ precipita e forma-se água menos dissociável, pelo que o $Pb(OH)_2$ se dissolve.

Se misturarmos soluções de electrólitos fortes, os iões destes iões reagirão, ou seja, não se formarão moléculas na solução, e os iões destes electrólitos permanecerão inalterados. Por exemplo:

$$NaCl + KNO_3 \leftrightarrow NaNO_3 + KCl$$

$$Na^+ + Cl^- + K^+ + NO_3^- \leftrightarrow Na^+ + NO_3^- + K^+ + Cl^-$$

Depois de misturar as soluções, apenas os iões Na^+, Cl^-, K^+, NO_3^- estão livres na solução, mas quando a solução arrefece e se transforma em cristais, forma-se uma mistura de quatro sais.

4. .4. Ionização da água, indicador de hidrogénio

Dissociação da água . Um estudo científico das moléculas de água mostrou que a água é um eletrólito muito fraco. Dissocia o ião hidrogénio e o ião hidroxilo da seguinte forma, ou seja, ..:

$$H_2O \leftrightarrow H^+ + OH^-$$

Taxa de dissociação da água a 18°C = 1,89 * 10^{-9} Portanto, apenas um dos 55600000 moles de água das cinzas está no estado ionizado. Mas como a velocidade do processo de dissociação é muito elevada, a reação de ácido iónico tem lugar, pelo que a dissociação é muito elevada. Constante de dissociação da água.

$$K_{water} = \frac{[H^+][OH^-]}{[H_2O]} = 1.8*10^{-16} \text{ g a t e ng.}$$

Se um litro contém 1000 / 18 = 55,56 moles de água moles de cinzas _ _ o ls a k, und a pode escrever-se o seguinte:

$[H^+][OH^-] = K_{water}*[H_2O] = 1.8*10^{-16} *55.56 = 1*10^{-14}$

A esta temperatura , a distribuição de massa das concentrações de iões hidrogénio e hidroxilo em soluções aquosas a 22 ° C

o é o valor nominal , que indica a zona de trabalho com $_{\text{água}}$K .

$[H^+][OH^-] = KH2\ O = 10^{-14}$

em meio neutro: $[H^+] = [OH^-] = 10^{-7}$

bund a : $[H^+][OH^-] = 1,8*10^{-16} *55,56 = 1*10^{-14}$

A razão entre a concentração de iões hidrogénio e de iões hidroxilo da água é um número constante não só para a água, mas também para soluções aquosas de sais, ácidos e álcalis. Este número é designado por força iónica da água.

$[H^+] > [OH^-]$ em meio ácido e vice-versa em meio alcalino; $[H^+] < [OH^-]$. O produto da concentração de iões hidrogénio e de iões hidroxilo a qualquer temperatura em qualquer meio aquoso é um valor constante igual a 10^{-14} mol^2 / l a 22°C. Utilizando o produto iónico da água, qualquer meio reacional pode ser representado pela concentração de iões de hidrogénio. Para tal, efectua-se o seguinte cálculo.

$[H^+] = 10^{-14} / [OH^-]$; $[OH^-] = 10^{-14} / [OH^-]$

Indicador de pH-hidrogénio.

Para caraterizar qualquer meio aquoso, é mais conveniente utilizar o valor do logaritmo desta concentração em vez da concentração de iões de hidrogénio. Este valor é designado por pH e é chamado indicador de hidrogénio.

$pH = -lg[H^+]$

Por exemplo, se $[H^+] = 10^{-5}$ mol / l, $pH = -lg10^{-5} = 5$. Se $[H^+] = 10^{-11}$ mol/l, $pH = -lg10^{-11} = -(-11) = 11$. Se o pH da solução for igual a 3, ela terá propriedades ácidas. (figura acima), porque a concentração de iões H^+ é superior a 10^{-7} , em pH=10, apresenta propriedades alcalinas. Verifica-se que pH<8 em meio ácido, pH>8 em meio alcalino e pH=8 em meio neutro.

Juntamente com o indicador de hidrogénio, é também utilizado o indicador de hidroxilo: pOH = -lg[OH]. A sua soma com o pH é 14.

Indicadores.

pode ser determinada por meio de certas substâncias que mudam de cor em função da concentração de iões H^+ e OH^-. Estas substâncias são designadas por indicadores

Os indicadores que têm duas cores diferentes consoante o ambiente da reação (ácido, alcalino) são designados por indicadores bicolores. Os indicadores que têm uma cor específica num ambiente e permanecem incolores noutro ambiente são designados por indicadores unicolores.

Os indicadores são principalmente compostos orgânicos complexos, incluindo bases fracas e ácidos fracos.

pode ser representado por uma fórmula como H ind ou Ind OH (na fórmula Ind- é o anião e o catião complexos do indicador).

O princípio da utilização de indicadores é que as moléculas indicadoras não dissociadas e os seus iões Ind têm cores diferentes na solução. Por exemplo, as moléculas de fenolftaleína são incolores e os seus iões - Ind são vermelho escuro, as moléculas de alaranjado de metilo são amarelas e os seus iões são vermelhos. Em solução, dissociam-se da seguinte forma:

FenolftaleínaAlaranjado de metilo

H ind H^+ +Ind Ind OH Ind^+ + OH^-

Incolor vermelho escuro amarelo rosa

A substância que forma a cor do tornassol é o ácido azolítico, cuja molécula é vermelha e o anião é azul. O tornassol dissocia-se em solução de acordo com o esquema seguinte:

HInd↔N $^+$+Ind $^-$

Vermelho azul

As suas moléculas, que formam a cor do tornassol, juntamente com o anião H ind Ind^- dão uma cor rosa à solução. Se adicionarmos um pouco de ácido a esta solução, como resultado do aumento da concentração de iões H^+ , o equilíbrio deslocar-se-á para a esquerda - as moléculas não dissociadas deslocar-se-ão para o lado do aumento da concentração de iões H +, e a solução ficará vermelha. Se adicionarmos uma pequena quantidade de álcali a uma solução neutra de tornassol, o equilíbrio de dissociação do indicador que liga os iões H^+ desloca-se para a direita:

H ind+OH $^-$↔ Ind $^-$+H $_2$O

Como resultado, a concentração dos aniões indicadores Ind^- na solução aumenta no sal, e a solução torna-se azul. Outros indicadores também mudam de cor desta forma.

Assim, a cor do indicador depende do pH do ambiente. A mudança de cor de qualquer indicador só é percetível numa determinada gama de pH. Por exemplo, a fenolftaleína tem uma cor avermelhada a pH=8,2, e esta cor aumenta até pH=10,5. Quando o pH ultrapassa os 10,5, a mudança de cor é impercetível. Este intervalo entre os dois valores de pH determinados para cada indicador é designado por área de ausência de mudança de cor ou, por outras palavras, o intervalo de transição do indicador.

Teste os seus conhecimentos

1. coeficiente de atrito da dissociação ?

2. essência da teoria da dissociação electrolítica ?
3. Coeficiente de Van't-Goff, quer dizer?
4. Que tipo de ião é designado por ião hidroxona?
5. Qual é a concentração iónica da água?
6. Qual é a relação entre a concentração de iões H+ e a concentração de OH-HOH em diferentes ambientes?
7. é um indicador de hidrogénio?
8. Qual é o serviço dos indicadores, que tipo de substâncias são?
9. Q esses sais são hidrolisados?
10. a temperatura da solução afecta o grau de hidrólise do sal?
11. Como é que a diluição do ritmo E afecta o grau de hidrólise?
12. Determinar o pH dos sais alimentares ? _ _

CH 3COONa, NaN0 3, KCN, NaCl, Na 2SO4 ,

13. O ambiente morre a um pH > 7?
14. O ambiente morre a um pH < 7?

CAPÍTULO XI

HIDRÓLISE DE SAIS. CONSTRUÇÃO DE EQUAÇÕES DE HIDRÓLISE

11.1. Hidrólise de sais

A hidrólise de sais refere-se a qualquer interação de substâncias com a água. Na prática, é frequentemente necessário lidar com a girólise de sais. Se o hidrogénio do ácido for completamente trocado pelo metal, o meio deve ser neutro. Mas apenas os sais formados por uma base forte e um ácido forte têm um meio neutro. Outros sais não formam um meio neutro como resultado da hidrólise.

Como resultado da hidrólise, a concentração de iões hidrogénio e hidróxido na solução altera-se. Por isso, as soluções de muitos sais têm um ambiente ácido ou alcalino. Este fenómeno pode ser explicado pelo aumento de iões hidrogénio ou hidróxido na solução, como resultado da combinação de iões de sal dissolvidos com iões de água. Mas mesmo que a concentração de iões hidrogénio e hidróxido na água seja muito pequena, estes iões estão em equilíbrio com as moléculas de água não dissociadas. Com efeito, a uma temperatura constante, o coeficiente iónico da água é constante. Se um dos iões da água se liga aos iões do sal e o equilíbrio é perturbado, isto provoca a dissociação de uma outra molécula de água, a concentração do outro ião na solução aumenta e, consequentemente, a solução apresenta um ambiente ácido ou alcalino. A hidrólise dos sais deve-se ao facto de os catiões e os aniões do sal se ligarem aos iões H^+ e OH^- da água para formar substâncias menos dissociáveis, pelo que o equilíbrio de H_2O^H + +OH^- se desloca para a direita.

Ao escrever uma reação de hidrólise, deve ser sempre lembrado que um resíduo de eletrólito fraco sofre hidrólise. Porque quase todos os sais são electrólitos fortes. Na equação iónica, as substâncias pouco dissociáveis, gasosas e precipitadas são escritas sob a forma de moléculas. Escrever a equação molecular e iónica para a reação mostra o processo completo de hidrólise.

Dependendo da natureza do catião e do anião contidos no sal, a hidrólise é principalmente de três tipos.

1. Hidrólise intercalar
2. Hidrólise interaniónica
3. Hidrólise entre catiões e aniões .

11.2. Hidrólise das interações K

Os sais formados por um ácido forte e uma base fraca são hidrolisados entre os catiões. Quando os sais deste tipo são hidrolisados, os catiões contidos no sal combinam-se com os iões OH^- da água e formam compostos menos dissociáveis, pelo que a concentração de iões OH^- na solução diminui e a concentração de iões H^+ aumenta. À medida que a concentração de iões de hidrogénio aumenta, a solução torna-se ácida.

Por exemplo:

$$NH_4Cl + H_2O \leftrightarrows NH_4OH + HCl$$

Na forma iónica:

$$NH^+_4 + Cl^- + H_2O \leftrightarrows NH_4OH + H^{++}Cl^-$$

$$NH^+_4 + H_2O \leftrightarrows NH_4OH + H^+$$

$$pH < 7$$

11.3. A hidrólise interiónica

Os sais formados por uma base forte e um ácido fraco sofrem hidrólise interaniónica. Quando sais deste tipo são hidrolisados, os aniões de ácidos fracos do sal combinam-se com os iões H^+ da água para formar compostos menos dissociáveis, pelo que a concentração de iões H^+ na solução diminui e a concentração de iões OH^- aumenta. À medida que a concentração de iões hidróxido aumenta, a solução torna-se alcalina.

A hidrólise dos sais formados a partir de uma base forte e de um ácido polibásico fraco também ocorre por fases e, em condições normais, apenas a primeira fase é bem sucedida, formando-se, por exemplo, um sal ácido:

$$K_3CO_3 + H_2O \leftrightarrows KHCO_3 + KOH$$

$$CO^{2-}_3 + H_2O \leftrightarrows HCO_3^- + OH^- (pH > 7)$$

$$KHCO_3 + H_2O \leftrightarrows H_2CO_3 + KOH$$

$$HSO^-_3 + H_2O \leftrightarrows H_2CO_3 + OH^- \quad (pH > 7)$$

11.4. Hidrólise inter-catiões e inter-aniões.

Hidrólise inter-catiões e inter-aniões. Os sais formados a partir de um ácido fraco e de uma base fraca são hidrolisados entre os catiões e os aniões. Quando sais deste tipo são hidrolisados, os catiões do sal combinam-se com $OH^{-\,i}$ para formar um ácido e uma base menos dissociáveis. Dependendo da força do ácido e da base formados, o ambiente da solução é ou fracamente ácido ou fracamente alcalino, por exemplo:

$$NH_4CN + H_2O \leftrightarrows NH_4OH + HCN$$

$$NH^+_4 + CN^- \leftrightarrows NH_4OH + HCN$$

sendo $K_{NH4CN} = 1{,}79 - 10^{-5}$, $K_{HCN} = 7{,}9 - 10^{-10}$, a solução apresenta um ambiente fracamente alcalino.

A hidrólise de sais formados a partir de um ácido muito fraco e de uma base muito fraca é unilateral e vai até ao fim em condições normais. Por conseguinte, esta hidrólise é designada por hidrólise completa:

$$Cr_2S_3 + 6H_2O + \downarrow 2Cr(OH)_3 + 3H_2S\uparrow$$

11.5. G é o grau e a constante de hidrólise

Uma vez que a hidrólise é um processo reversível, pode ser interpretada com base no efeito de massa. Para a caraterizar quantitativamente, são introduzidos os conceitos de taxa de hidrólise e constante de hidrólise. O rácio entre o número de moléculas de sal hidrolisadas e o número de moléculas de sal dissolvidas é designado por grau de hidrólise do sal e é denotado por h :

$$h = \frac{\text{gidrolizlangan molekular soni}}{\text{eritilgan tuz molekular soni}}$$

A relação entre o grau de hidrólise e a constante é expressa pela seguinte equação :

$$K_{\breve{a}\check{c}\ddot{a}\hat{a}} = \frac{h^2}{(1-h)} C_0$$

onde: S 0 é a concentração inicial de sal.

Na maioria dos casos, o grau de hidrólise é muito pequeno. Por conseguinte, a fórmula acima pode ser escrita da seguinte forma.

$$K_{\breve{a}\check{c}\ddot{a}\hat{a}} = h^2 C_0 h = \sqrt{\frac{K_{\breve{a}\check{c}\ddot{a}\hat{a}}}{C_0}}$$

Por conseguinte, se a solução for diluída, o grau de hidrólise aumenta.

No entanto, isto não pode ser feito nos casos em que o nível de hidrólise é elevado.

O grau de hidrólise dos sais depende da natureza do sal, da concentração da solução e da temperatura.

Perguntas sobre o autocontrolo

1. O que é a hidrólise? Escreva as equações moleculares e iónicas das reacções de hidrólise dos seguintes sais: $ZnSO_4$, $ZnCl_2$, K_2S, Na $3PO_4$.
2. Porque é que a alteração da temperatura da solução afecta o grau de hidrólise do sal?
3. Como é que a diluição da solução afecta o grau de hidrólise?
4. Q esses sais são hidrolisados?
5. Explicar o significado de constante de hidrólise?
6. Criar um esquema para a hidrólise do H_2O ?

CAPÍTULO XII

REACÇÕES DE OXIDAÇÃO-REDUÇÃO

12.1. Reacções de oxidação-redução

Todas as reacções em química inorgânica podem ser divididas em dois tipos:

1. Reacções em que o nível de oxidação dos elementos que reagem permanece inalterado.
2. Reacções com mudança de estado de oxidação.

Exemplos do primeiro tipo de reacções são as reacções de troca, de decomposição e de combinação.

Por exemplo: HCl +KOH =KCl +N_2O

$$CaCO_3 \xrightarrow{t^\circ} CaO + CO_2$$

Nestes exemplos, o estado de oxidação de qualquer elemento não se altera.

Exemplos do segundo tipo de reacções são as reacções de compressão e outras reacções. Estas reacções são designadas por reacções de oxidação-redução . Nestas reacções, os electrões passam de um átomo ou ião para outro átomo ou ião.

Os átomos, iões e moléculas que têm electrões ligados a si próprios são chamados agentes oxidantes, e os átomos, iões e moléculas que perdem electrões são chamados agentes redutores. O processo de adição de electrões é designado por processo de redução, e o processo de cedência de electrões é designado por processo de oxidação. Assim, o agente oxidante é reduzido e o agente redutor é oxidado. A oxidação-redução é um processo interdependente. Por exemplo :

|-2 $\bar{e}$↓ |-2 $\bar{e}$-↓

1) $Mg + Cl_2 = Mg^{2+}Cl^{-}_2$; 2) $H^0_2 + Cu^{2+}O = H^+_2O + Cu^0$

Nesta reação, o magnésio é redutor ao ceder electrões ao cloro, o cloro é oxidante ao aceitar esses electrões e, na segunda reação, o hidrogénio é redutor e o ião cobre é oxidante.

Quando um átomo de um elemento é oxidado, o seu estado de oxidação aumenta, e quando é reduzido, o seu estado de oxidação diminui. Por exemplo:

No processo $^{2+}$-2 $\bar{e} = Sn^{4+}$], o estado de oxidação do estanho +aumentou de 2 para 4, e no processo $Cr^{+6+} + 3\bar{e} = Cr^{3++}$, o estado de oxidação do crómio diminuiu +de 6 para +3.

Um átomo de um elemento no seu estado de oxidação mais elevado (por exemplo: S 6 P^{+5+}, Cl^{7+} Cu^{2+}, Mn^{7+} em iões) não pode perder outro eletrão e exibe apenas propriedades oxidantes. Pelo contrário, o átomo de um elemento não pode aceitar um eletrão no seu estado de oxidação mais baixo e apresenta apenas a propriedade redutora. Se o átomo de um elemento tiver o seu estado de oxidação médio, apresenta propriedades oxidantes ou redutoras, dependendo do ambiente da solução.

Quando os electrões passam do agente redutor para o agente oxidante, a valência dos elementos envolvidos na reação muda normalmente. Mas nas reacções de oxidação-redução, a valência do elemento pode não se alterar. Por exemplo:

1) $H^0{}_2$+C $l^0{}_2$=2HCl

2) CH $_4$+2O $_2$=SO $_2$+N $_2$O

Na primeira reação, a valência do hidrogénio e do cloro é igual antes e depois da reação. As valências do carbono, oxigénio e hidrogénio permanecem inalteradas durante a reação de combustão do metano. Mas nestas reacções, os estados dos átomos mudam. Assim, o conceito de valência não pode explicar completamente o estado dos átomos numa molécula. Por isso, é adequado utilizar o conceito de nível de oxidação nas reacções de oxidação-redução. A valência não tem sinal (positivo ou negativo) numa ligação covalente. Apenas indica o número de pressões. No caso de uma ligação química, os electrões são transferidos para o átomo do elemento eletronegativo, o que faz com que os átomos tenham uma determinada carga.

1. Os exemplos da casa Q mostram claramente a diferença entre estado de valência e estado de oxidação.
2. Numa molécula de azoto, dois átomos de azoto estão ligados entre si por três pares de electrões. O seu estado de oxidação é zero. Porque o par de electrões comum formado por uma ligação química está à mesma distância de ambos os átomos de azoto .
3. Hidrazina - N $_2$H $_4$na molécula, a valência de cada átomo de azoto é igual a três e o estado de oxidação é igual a menos dois, porque, em cada ligação azoto-hidrogénio, o par de electrões comum desloca-se para o átomo de azoto.

O nível de oxidação pode ser positivo, negativo, zero e fracionário.

Um elemento eletronegativo que tenha atraído um par comum de electrões terá um estado de oxidação negativo (-), e o segundo elemento terá um estado de oxidação positivo (+). Estes valores são normalmente escritos por cima ou por cima do símbolo do elemento (no canto direito) com um sinal positivo ou negativo antes do número . Os sinais positivo e negativo são escritos após o número para indicar os iões reais num composto químico ou solução. Exemplo: Fe^{3+} , Mn^{2+} , SO $_{4}$ $_{2-}$, MnO $_4$ -, Cl - , Na^+ e a b o shq a l

a r.

12.2. Tipos de reacções redox

As reacções de oxidação-redução dividem-se em 4 tipos:

Reacções intermoleculares;

Processos internos de oxidação-redução que ocorrem numa molécula ;

Reacções de desproporção em que as mesmas partículas desempenham as funções de oxidação e redução.

As reacções de sinproporção são a transição de átomos do mesmo elemento com diferentes estados de oxidação para o mesmo estado de oxidação.

1. Nas reacções de oxidação-redução intermoleculares, o elemento oxidante está presente numa substância e o elemento redutor está presente na segunda substância.

Durante a reação, o nível de oxidação dos elementos em diferentes moléculas altera-se simultaneamente. Por exemplo,

$$FeO+CO \rightarrow Fe+CO_2$$

na reação, o nível de oxidação do ferro diminui e o do carbono aumenta.

Nas reacções internas de oxidação-redução que ocorrem nas próprias moléculas, o nível de oxidação de outros elementos na mesma molécula altera-se. Por exemplo,

$$2KClO_3 \rightarrow 2KCl+3O_2$$

Aqui: Cl^{+5} é um agente oxidante, e O^{-2} é um agente redutor.

3. Reação de desproporção:

$$3H_2MnO_4 \rightarrow 2HMnO_4+MnO_2+2H_2O$$

Pode ser um exemplo. Aqui: tanto o agente oxidante como o agente redutor são Mn^{+6}. A essência da reação é que quando o Mn^{+6} interage com o Mn^{+6}, os electrões passam de um para o outro, o nível de oxidação de um aumenta e o do outro diminui.

4. . Átomos com diferentes níveis de oxidação numa molécula podem participar em reacções de oxidação-redução e passar para um estado com o mesmo nível de oxidação. Estas reacções são designadas por reacções de sinproporção . Por exemplo, $NH_4NO_2 N_2+2H_2O$

Aqui: o nível de oxidação do azoto no catião NH_4^+ é -3, o nível de oxidação do azoto no anião NO_2 é +3 e, após a reação, passam a azoto com um nível de oxidação 0.

12.3. Nível de oxidação

A seguinte lei é utilizada para determinar o estado de oxidação de um átomo em compostos químicos.

1. Nas substâncias simples, o nível de oxidação dos átomos é zero (N_2, O_2, Fe).
2. Os metais têm sempre um estado de oxidação positivo.
3. O hidrogénio aparece em todos os compostos, exceto nos hidretos (1 nos hidretos - estado de oxidação).
4. Nos compostos de oxigénio (exceto OF_2) apresenta o estado de oxidação -2. No caso dos peróxidos (grupo -OO), o nível de oxidação do oxigénio é igual a -1.
5. O grau de oxidação dos metais pode ser tanto positivo como negativo.

Com base nestes dados, é possível calcular o nível de oxidação dos átomos em compostos complexos, sendo de notar que a soma algébrica dos níveis de oxidação dos átomos numa molécula é sempre zero e, no caso de um ião complexo, é igual à carga do ião.

12.4. Agentes oxidantes e redutores de base

Oxidantes básicos. Os átomos neutros que recebem um eletrão e têm a estrutura eletrónica de um gás inerte da tabela periódica ou formam iões de carga negativa são oxidantes. Por exemplo, os átomos neutros dos halogéneos F_2, Cl_2, Br_2, I_2 transformam-se em iões F^-, Cl^-, Br^-, I^- carregados negativamente, desempenhando a função de oxidante. Entre os halogéneos, o flúor e o cloro são agentes oxidantes fortes. Os principais agentes oxidantes são o oxigénio, o enxofre e outros. Alguns iões metálicos podem ser oxidantes nas suas valências mais elevadas.

Os principais retornos. Regressam livremente todos os metais, principalmente os metais alcalinos (Li, Na, K, Rb, Cs) e alcalino-terrosos (Ca, Sr, Ba), os iões de resíduos ácidos sem oxigénio (Vr - , I, S) e os hidretos (KH,' CaH_2).

Deve notar-se que não existe uma fronteira nítida entre um agente oxidante e um agente redutor, uma substância pode ser um agente oxidante numa condição e um agente redutor noutra condição.

12.5. Formulação de equações de reação de oxidação-redução

1. Os métodos de balanço de electrões e de iões-electrões (semi-reacções) são utilizados para elaborar equações de reacções de oxidação-redução.

2. Na elaboração de equações de reacções de oxidação-redução pelo método do balanço eletrónico, é necessário determinar o número de electrões recebidos e perdidos pelos agentes oxidante e redutor. O número total de electrões perdidos pelo agente redutor deve ser igual ao número total de electrões recebidos pelo agente oxidante. Por exemplo, a reação de oxidação do alumínio com o oxigénio é um exemplo:

$$4\,Al + 3\,O_2 = 2\,Al_2O_3$$

A estrutura da reação mostra que o nível de oxidação do alumínio antes da reação é zero, e após a reação é igual a +3. O nível de oxidação do oxigénio mudou de zero para -2. Expressamos esta mudança no estado de oxidação com equações electrónicas :

$$Al - 3\,\bar{e} = Al^{3+} \mid 4 \mid \text{returners}$$

$$O_2 + 4\,\bar{e} = 2O^{2-} \mid 3 \mid \text{oxidizers}$$

Para que o número de electrões perdidos e recebidos seja igual, determinamos o multiplicador geral e igualamos o número de electrões, e colocamos à frente das moléculas o elemento cujo nível de oxidação mudou.

$$4Al + 3O_2 = 2Al_2O_3$$

O segundo exemplo é a oxidação do fósforo com ácido nítrico:

$$P + HNO_3 = H\,3PO_4 + NO$$

se escrevermos uma equação eletrónica para:

$$P^0 - 5e = P^{5+} \quad |3|\ \text{returning}$$

$$N^{5+} + 3\,\bar{e} = N^{2+} |5|\ \text{oxidizer}$$

Escrevemos os números que se encontram à frente dos agentes oxidantes e redutores da reação:

$$3P + 5HNO_3 = 3H_3PO_4 + 5NO$$

O cálculo do número de átomos do lado direito e do lado esquerdo da reação mostra que os átomos de hidrogénio e de oxigénio do lado esquerdo da equação não são iguais entre si. Neste caso, as moléculas de água são escritas no lado esquerdo da equação, e a equação da reação terá o seguinte aspeto

$$3P + 5HNO_3 + 2H_2O = 3H_3PO_4 + 5NO$$

Em alguns casos, quando o metal é oxidado, forma-se um sal, neste caso, uma quantidade excessiva de moléculas de ácido é levada para a reação. Por exemplo:

$$Cu + HNO_3 \rightarrow Cu(NO_3)_2 + NO + H_2O$$

Equação do eletrão:

Cu^0 -2e $=Cu^{2+}$ |3| regressando

N +3e^{5++} $=N^{2+}$ |2| oxidante

Colocamos os números encontrados na equação da reação:

$$3Cu + 2HNO_3 \rightarrow 3Cu(NO_3)_2 + 2NO + H_2O$$

Na parte direita da equação, faltam 8 e 2 na parte esquerda, ou seja, 6 átomos de azoto que participam na formação de três moléculas de sal, a partir daí determina-se quantas moléculas de água devem ser escritas, e a equação da reação terá a seguinte forma :

$$3Cu + 8HNO_3 = 3Cu(NO_3)_2 + 2NO + 4H_2O$$

Método do ião-eletrão. A utilização do conceito de grau de oxidação através do método do balanço eletrónico na criação de equações moleculares completas de reacções de oxidação-redução em solução perde o seu significado físico. Porque o Cr^{6+}, o Mn^{7+}, o N^5 utilizados no método do balanço eletrónico* e outros catiões estão completamente ausentes na solução. Combinam-se com o oxigénio da água em solução aquosa e existem como iões CrO^-_4, MnO^-_4, $NO.^{-3}$

Além disso, o método do balanço de electrões não mostra o papel dos iões hidróxido e hidrogénio e das moléculas de água no processo de oxidação-redução.

É por isso que é apropriado utilizar o método ião-eletrão na elaboração das equações das reacções de oxidação-redução em soluções aquosas.

Neste método, os coeficientes são encontrados utilizando a equação ião-eletrão. A diferença entre a equação ião-eletrão e a equação de balanço eletrónico é que, de acordo com a teoria da dissociação electrolítica, os iões realmente presentes na solução aquosa são escritos na equação.

Para criar equações completas de reacções de oxidação-redução em soluções utilizando o método ião-eletrão, deve ser seguida a seguinte ordem

1. É necessário conhecer a composição dos produtos obtidos na reação e formados como resultado da reação, ou seja, escrever a equação molecular da reação.
2. De acordo com a teoria da dissociação electrolítica, é necessário escrever o esquema iónico da reação.
3. Em alguns casos, a escrita da equação ião-eletrão dos processos de oxidação-redução baseia-se no seguinte:

a) O número de átomos do mesmo elemento deve ser igual nos lados direito e esquerdo da equação;

b) Se a substância utilizada para a reação tiver pouco oxigénio, forma água em meio ácido (unida ao ião hidrogénio). Num meio neutro ou alcalino, o oxigénio libertado combina-se com a água para formar um grupo hidróxido;

c) Se houver muito oxigénio na substância utilizada para a reação, forma-se água em ambientes ácidos e neutros e iões hidróxido em ambientes alcalinos;

g) A carga total dos processos de oxidação-redução deve ser igual entre si nos lados esquerdo e direito da equação ("equilíbrio eletrónico").

4. As equações ião-eletrão dos processos de oxidação-redução são escritas em conjunto, e os coeficientes escritos à frente dos agentes oxidante e redutor são encontrados. Ao determiná-los, assume-se que o número de electrões perdidos pelo agente redutor é igual ao número de electrões recebidos pelo agente oxidante.

5. Multiplicando os lados direito e esquerdo dos processos por determinados coeficientes, eles são escritos juntos. Como resultado, forma-se uma pequena equação iónica.

São escritas equações iónicas e moleculares completas da reação.

7. A correção da equação molecular é verificada pelo número de átomos de cada elemento. Muitas vezes limita-se a contar o número de átomos de oxigénio.

Por exemplo, consideremos a transição do ião sulfito para o ião sulfato sob a influência do permanganato de potássio de acordo com o método ião-eletrão em três condições ambientais.

Em meio ácido a) Equação molecular da reação:

$$KMnO_4+Na_2SO_3+H_2SO_4 \rightarrow MnSO_4+K_2SO_4+Na_2SO_4+H_2O$$

b) Esquema iónico da reação :

$$K^{+}+MnO^{-}_4+2Na^{+}+SO^{2-}_3+2H^{+}+SO^{2-}_4$$

$$\rightarrow Mn^{2+}+SO^{2}_4+2K^{+}+SO^{2}_4+2Na^{+}+SO^{2-}_4+H_2O$$

ou curto-circuito iónico

$$MnO^{-}_4+SO^{2-}_3+2H^{+} \rightarrow Mn^{2+}+SO^{2-}_4+H_2O \quad (2)$$

Assim, num meio ácido, o ião permanganato é o ião Mn^{2+} (a solução torna-se incolor).

d) Para escrever o processo de oxidação-redução na forma de ião-eletrão, pode ver-se a partir da equação (2) que quatro átomos de oxigénio no ião $MnO^{-}{}_4$ são N (ligando com, t forma quatro moléculas de água, como resultado, o ião $MnO^{-}{}_4$ é reduzido a ião Mn^{2+}, ou seja

$$MnO^{-}_4+8H^{+} \rightarrow Mn^{2+}+4H_2O \qquad (3)$$

os lados esquerdo e direito do circuito mostram que a carga do lado direito é igual a 2 e a carga total do lado esquerdo é igual a +7. Para que as cargas sejam iguais nos lados esquerdo e direito do diagrama, devem ser adicionados cinco electrões ao lado esquerdo da equação. Nesse caso, a equação do ião-eletrão do processo de redução será a seguinte

$$MnO_{4-}+8\ H^{+}+5\ e=Mn^{2+}+4H_2O$$

de $SO_3{}^{2-}$ A oxidação a ião $SO_4{}^{2-}$ é observada com um aumento do número de átomos de oxigénio.

$$SO_3{}^{2-}+H_2O \rightarrow SO_4{}^{2-}+2H^{+} \qquad (4)$$

o lado direito do esquema (4) é zero, e o lado esquerdo é igual a -2. Para que o número de cargas seja igual nos lados direito e esquerdo do circuito, é necessário retirar dois electrões do lado esquerdo do circuito, pelo que a equação ião-eletrão do processo de oxidação é escrita da seguinte forma :

$$SO_3^{2-}+H_2O-2\bar{e} \rightarrow SO_4^{2-}+2H^+ \quad (5)$$

g) Agora os processos de redução (3) e oxidação (5) são escritos um sob o outro, e os coeficientes para o oxidante e o redutor são determinados:

|2| $MnO_4^-+8N^++5\bar{e}=Mn^{2+}+4H_2O$

|5| $SO_3^{2-}+H_2O-2\bar{e} \rightarrow SO_4^{2-}+2H^+$

O número de electrões recebidos pelo agente oxidante deve ser igual ao número de electrões perdidos pelo agente redutor. Para tal, multiplique a equação (3) por 2 e a equação (5) por 5 para obter a equação iónica curta da reação.

$2MnO^-_4+5SO_3^{2-}+16H^++5H_2O=2Mn^{2+}+5SO_4^{2-}+8H_2O+10H^+$ (6)

Se o número de iões opostos for o mesmo no lado esquerdo e no lado direito da equação iónica curta resultante, mantemos a igualdade geral :

$$2MnO_4^{2-}+5SO_3^{2-}+16H^++5H_2O=2Mn^{2+}+5SO_4^{2-}+8H_2O+10H^+$$

$$2K^++10Na^++8SO_4^{2-} \rightarrow 8SO_4^{2-}+2K^++5SO_4^{2-}+10Na^++10H^+$$

d) Agora, utilizando a equação iónica completa, escrevemos a equação molecular completa da reação de oxidação-redução.

$2KMnO_4+3H_2SO_4+5Na_2SO_3=2MnSO_4+K_2SO_4+3H_2O+5Na_2SO_4$

O número de átomos de oxigénio deve ser o mesmo nos lados direito e esquerdo da equação corretamente escrita.

2) Num meio neutro. A) em que o ião permanganato MnO_4^{is} devolve o manganês MnO_2 ao óxido (1V), pelo que a cor vermelha escura da solução desaparece e se forma um precipitado castanho. O esquema iónico para esta reação é o seguinte

$$MnO^-_4+SO_3^{2-}+H_2O \rightarrow MnO_2+SO_4^{2-}+OH^- \quad (9)$$

b) Escrevemos uma a uma as equações ião-eletrão dos processos de oxidação-redução:

|3|$SO_3^{2-}+H_2O-2e=SO^{2-}_4+2H^+$ ao lado do estado de oxidação (10) |

2 | $MnO_4^-+2H_2O+3e=MnO_2+4H^+$ Processo de retorno (11)

Assim, o coeficiente de oxidação à frente para dois e o coeficiente de retorno à frente para três são iguais a

c) A eficiência da oxidação e da redução é muito maior do que a dos eléctrodos iónico-electrónicos. e escrever um

frase curta :

$2MnO^-+3SO_3^{2-}+N_2O=2MnO_2+3SO_4^{2-}+2OH^-$ (12)

g) Língua inglesa de curta duração (12) Escreva as seguintes palavras e coloque-as na língua inglesa de longa duração. let 's be a (13) ;

$$2MnO^-_4+3SO_3^{2-}+H_2O=MnO_2+3SO_4^{2-}+2OH^-$$

$$2K^++6Na^+ \rightarrow 2K^++6Na^+$$

d) Escrevemos a equação molecular completa da reação de oxidação-redução dada:

$2KMnO_4+3Na_2SO_3+H_2O=2MnO_2+2KOH+3Na_2SO_4$(13)

2) Num ambiente romântico a) Neste caso, o ião permanganato é reduzido a ião

manganato. Como resultado, a cor vermelho-cereja da solução muda para verde. O esquema iónico da reação pode ser escrito da seguinte forma:

$$MnO^{-}_4 + SO_3^{2-} + OH^{-} \rightarrow SO_4^{2-} + MnO_4^{2-} + H_2O \quad (15)$$

a) Escrevemos as equações ião-eletrão dos processos de oxidação-redução:

(16) |2| $MnO_4^{-} + \bar{e} = MnO_4^{2-}$ processo de redução

(17) |1| $SO_3^{2-} + 2HO^{-} - 2\bar{e} = SO_4^{2-} + 2H_2O$ estado de oxidação _

A partir desta imagem, pode ver-se que É necessário aumentar a agente oxidante em 2 g e o agente redutor em 1 g .

b) Multiplicar as equações acima (16) e (17) pelo coeficiente e escrevê-las em conjunto , a brevidade da reação Podemos para :

$$2MnO^{-}_4 + SO^{2-}_3 + OH^{-} = 2MnO^{2-}_4 + SO^{2-}_4 + H_2O \quad (18)$$

Escreva os iões opostos à equação iónica curta (18) e escreva a equação iónica completa:

$2MnO^{-}_4 + SO^{2-}_3 + 2OH^{-} = 2MnO_4^{2-} + SO_4^{2-} + H_2O$

Agora escrevemos a equação molecular completa da reação:

$2KMnO_4 + Na_2SO_3 + 2KOH = 2K_2MnO_4 + Na_2SO_4 + H_2O$

Alguns agentes redutores são catiões que reagem para formar aniões complexos, ou alguns agentes oxidantes são aniões complexos que reagem para formar catiões. Por exemplo, considere a oxidação do sulfureto de arsenito com ácido nítrico diluído.

a) Equação molecular da reação:

$$H_2O + As_2S_3 + HNO_{3(liquid)} \rightarrow H_3AsO_4 + H_2SO_4 + NO\uparrow$$

b) Esquema único I :

$$\downarrow As_2S_3 + 2H^{+} + NO^{-}_3 + H_2O \rightarrow 3H^{+} + AsO^{3-}_4 + 2H^{+}SO^{2-}_4 + NO\uparrow \text{ or}$$

$$As_2S_3 + NO^{-}_3 + H_2O \rightarrow AsO^{3-}_4 + 2H^{+} + SO^{2-}_4 + NO\uparrow$$

v) Exemplos de processos de oxidação e redução ião-eletrão:

$| 3 | As_2S_3 + 20H_2O - 28\bar{e} = 2AsO^{3-}_4 + 3SO^{2-}_4 + 40H^{+}$ junto ao estado de oxidação _ _ _ _

$| 28 | NO^{-}_3 + 4H^{+} + 3\bar{e} = NO + 2H_2O$ processo de redução

g) Se multiplicarmos as equações anteriores pelos seus coeficientes e as escrevermos em conjunto, teremos uma equação iónica curta da reação:

$$3As_2S_3 + 112H^{+} + 28NO^{-}_3 + 60H_2O \rightarrow 120H^{+} + 6AsO^{3-}_4 + 9SO^{2-}_4 + 28NO + 56H_2O$$

se escrevermos os iões opostos na equação iónica curta e escrevermos a equação iónica completa:

$$3As_2S_3+28NO^-_3+4H_2O \rightarrow 8H^++6AsO^{3-}_4 9SO_4^{2-}+28NO$$

$$28H^+= 28H^+$$

Agora escrevemos a equação molecular completa da reação de oxidação-redução:

$3As_2S_3+28HNO_3+4H_2O=6H_3AsO_4+9H_2SO_4+28NO$

Questões e exercícios de controlo

1. O que é a oxidação?
2. E quanto aos reembolsos?
3. Qual é o estado de oxidação?
4. E quanto à valência?
5. Que tipos de reacções de oxidação-redução conhece?
6. De que forma é que as equações de oxidação-redução se equilibram?
7. Escreva a equação da seguinte reação redox. $Mg+HNO_3$

$$\rightarrow Mg(NO_3)_2+N_2O+H_2O$$

8. Explicar a natureza das reacções de desproporção.
9. Dar exemplos de agentes oxidantes e explicar as causas das propriedades oxidantes.
10. Dar exemplos de pessoas que regressam e explicar as razões do regresso às propriedades

CAPÍTULO XIII

PROPRIEDADES GERAIS DOS METAIS. SÉRIE DE RESISTÊNCIAS DOS METAIS.

13.1. Propriedades físicas dos metais

Dos 110 elementos descobertos, 87 são metais. Se o sistema periódico de elementos de DI Mendeleev for deslocado diagonalmente do berílio para o astato, então o lado direito da diagonal será constituído por elementos não metálicos e o lado esquerdo por elementos com propriedades metálicas. Os elementos localizados perto da diagonal têm duas propriedades: Be, Al, Ti, Ge, Nb, Sb. Aqui, o professor explica o tema aos alunos utilizando um retroprojetor e livros de texto electrónicos. Os átomos dos metais têm normalmente um a três electrões na sua camada de energia exterior e, apenas num pequeno número de casos invulgares, até sete electrões. De acordo com a posição dos metais na tabela periódica, as suas propriedades mudam pela seguinte ordem:

- à medida que o número de ordem dos elementos aumenta nos períodos, as propriedades metálicas diminuem. Porque com o aumento do número de ordem, o raio atómico diminui e a força de atração do eletrão exterior com o núcleo aumenta, e o metal cede o eletrão de valência. Por exemplo: a reação com a água na série Na-Mg-Al é intensa com o Na, lenta com o Mg e a alta temperatura (quando aquecido) com o Al. O Na_2O é um óxido básico forte, o MgO é um óxido básico fraco, enquanto o Al_2O_3 é um óxido anfotérico.

À medida que o número de elementos nos grupos aumenta, as suas propriedades metálicas aumentam. Porque à medida que o número atómico aumenta, o número de camadas electrónicas no átomo aumenta, o raio do átomo aumenta e os electrões exteriores são facilmente removidos. Por exemplo, a atividade dos metais alcalinos como o Li, Na, K, Rb, Cs aumenta. Se o metal Li se oxidar ao longo do tempo ao ar livre em condições normais e se transformar numa substância branca, o Cs inflamar-se-á ao ar livre. Do mesmo modo, o Cs é uma base forte em comparação com o LiOH.

A maioria dos metais Na, K, Ca, Co, Ni, Cu, Zn, Mn são elementos importantes que sustentam a vida nos organismos vivos. É por isso que são chamados micronutrientes.

Propriedades físicas dos metais. Sabe-se que os metais têm, antes de mais, o seu próprio brilho em termos de aparência. A razão para o brilho dos metais é que têm a capacidade de refletir fortemente a luz. Mas, normalmente, o metal só brilha quando forma uma massa sólida. É verdade que o magnésio e o alumínio mantêm o seu brilho mesmo quando em pó, mas a maioria dos metais é preta ou cinzenta escura quando em pó. Além disso, os metais típicos são bons condutores de calor e eletricidade; os metais são colocados na mesma ordem em termos de condutividade térmica e condutividade eléctrica: os melhores condutores são a prata e o cobre e os piores condutores são o chumbo e o mercúrio. À medida que a temperatura aumenta, a condutividade eléctrica dos metais diminui, e vice-versa, à medida que a temperatura diminui, a condutividade eléctrica dos metais aumenta.

Uma propriedade muito importante dos metais é o facto de serem facilmente deformados durante o processamento mecânico. Os metais tornam-se plásticos, ligam-se bem, esticam-se em arame, achatam-se, etc. As propriedades físicas específicas dos metais derivam das propriedades da sua estrutura interna. De acordo com a teoria moderna, os cristais dos metais são constituídos por iões de carga positiva e electrões livres separados dos átomos correspondentes. Todo o cristal pode ser imaginado como uma rede espacial, nos nós desta rede existem iões, e entre os iões existem electrões em movimento rápido. Estes electrões movem-se constantemente de um átomo para outro e ora giram em torno do núcleo de um átomo, ora em torno do núcleo de outro átomo, ora em torno do núcleo de outro átomo. Uma vez que os electrões não estão ligados a iões específicos, começam a mover-se numa determinada direção sob a influência de uma diferença de potencial menor e, como resultado, é gerada uma corrente eléctrica. Assim, a razão pela qual os metais conduzem bem a eletricidade é que contêm electrões livres ("gás de electrões"). Se tivermos em conta que os iões nos nós da rede não estão completamente imóveis, mas oscilam ligeiramente, não é difícil compreender a razão pela qual os metais diminuem a sua condutividade eléctrica quando são aquecidos. À medida que a temperatura aumenta, a vibração dos iões aumenta e, consequentemente, torna-se difícil para os electrões moverem-se entre estes iões.

A razão para a elevada condutividade térmica dos metais é a presença de electrões livres nos mesmos. Os electrões estão em constante movimento, colidem com os iões a toda a hora e há uma troca de energia entre eles. Por isso, quando uma parte do metal é aquecida, o aumento da vibração dos iões nesse local passa imediatamente para os iões que lhe estão próximos, e destes para os iões seguintes, etc., e o estado térmico do metal aumenta rapidamente; toda a massa do metal permanece à mesma temperatura.

A plasticidade dos metais depende diretamente da sua estrutura interna, a estrutura interna dos metais permite que os iões de algumas camadas deslizem facilmente sob a influência da superfície contra os iões de outras camadas. Tal como os metais, algumas ligas com redes cúbicas de face centrada são muito plásticas. Como resultado da adição de outro metal a um metal, as ligas formadas pela quebra da uniformidade da estrutura metálica são extremamente duras e quebradiças.

Quando os metais são processados mecanicamente, como resultado de muitos deslocamentos de camadas iónicas, a disposição dos iões é perturbada, o metal torna-se amorfo e a sua plasticidade diminui e a dureza aumenta. Mas a plasticidade do metal processado (por exemplo, um fio esticado) pode ser restaurada "por recozimento", ou seja, aquecendo o metal até se tornar cristalino.

Consoante a sua gravidade específica, os metais dividem-se condicionalmente em dois grandes grupos:

Metais leves, a sua densidade não excede 5; metais pesados; todos os outros metais são metais pesados.

Tabela 13.1. Densidade e ponto de fusão dos metais .

O nome do metal	Peso atómico	Densidade, g|cm ^{3}	Temperatura de liquefação.
Fácil _ m e t a ll a r			

Lítio	6.939	0.534	180
K a liy	39.103	0.86	63.6
Na triium	22.9898	0.97	97.8
K a l s iy	40.08	1.55	850
Magnésio	24.312	1.74	651
	132.905	1.90	28.5
S e ziy	26,985	2.702	660.1
Alumínio	137.34	3.5	717
B a ry	51,996	7.16	1875
Pesado	65.37	7.14	419
t a ll a r	118.69	7.28	231
Cromado	54.9381	7.2	1244
	55,847	7.86	1539
Ru x	112.40	8.654	321
Q a l a y	58.71	8.90	1453
M a r g a n	63.54	8.92	1083
e s	208,980	9.80	271.3
T e mir	107,880	10.5	960.8
	207.14	11.344	327.3
Academia _	200.59	13,546 19.3	-38.87 3380 1063
Nick e l Cobre	183.85	19.3	1769
Bismuto Prata	196,967	21.45	2700
Não te preocupes _	196.09	22.5	
Sim o b Wolfr a m _	190.2		
Ouro _ Platina			
Osmian			

de alguns metais, bem como os seus pontos de fusão, são apresentados na Tabela 13.1. Os dados desta tabela mostram que todos os metais, exceto o mercúrio, são sólidos a temperaturas normais. Os metais leves são geralmente os metais mais facilmente liquefeitos. Entre os metais pesados, pelo contrário, há muitos que são difíceis de liquefazer. A temperatura mais baixa do fio é líquida .

13.2. Série de tensões dos metais

Os metais cedem facilmente os seus electrões de valência e transformam-se em iões de carga positiva. Os metais típicos nunca podem anexar electrões, os seus electrões têm sempre uma carga positiva. Por isso, os metais são designados por elementos "electropositivos". Os metais diferem dos elementos "electronegativos" - os não-metais - porque a propriedade de fixar os electrões é mais caraterística dos não-metais. Uma vez que os metais típicos cedem facilmente os seus electrões de valência em reacções químicas, são agentes redutores activos.

A capacidade de certos metais para doar electrões é diferente. Quanto mais facilmente um metal cede os seus electrões, mais ativo é e mais fortemente interage com outras substâncias.

Várias reacções podem ser utilizadas para comparar a atividade dos metais. Para este efeito, é especialmente conveniente utilizar a reação de deslocamento destes metais a partir de sais de metais . Por exemplo, atiramos um pedaço de zinco para uma solução de um sal de chumbo. O zinco começa a dissolver-se e o chumbo é libertado da solução. Esta reação pode ser representada pela seguinte equação :

$Zn + Pb(NO_3)_2 = Pb + Zn(NO_3)_2$

A equação acima mostra que esta reação é uma reação típica de oxidação-redução. A essência desta reação é que os átomos de zinco cedem os seus electrões de valência aos iões de chumbo divalentes, pelo que os átomos de zinco se transformam em iões de zinco e os iões de chumbo são descarregados e separados como chumbo metálico. Se for feito o contrário, ou seja, se um pedaço de chumbo for atirado para uma solução de sal de zinco, não ocorrerá qualquer reação. Esta situação mostra que o zinco é mais ativo do que o chumbo, os átomos de zinco ligam os electrões mais dificilmente do que os átomos e iões de chumbo.

Se a atividade do chumbo e do cobre for avaliada da mesma forma, não é difícil saber que o chumbo é mais ativo do que o cobre, porque o chumbo desloca facilmente o cobre dos sais de cobre, enquanto o cobre não pode deslocar o chumbo:

$Pb + Cu^{2+} = Cu + Pb^{2+}$

Assim, entre os três metais comparados entre si - zinco, chumbo e cobre - o mais ativo é o zinco, que cede os seus electrões mais facilmente do que os outros, o chumbo é mais passivo do que ele e o cobre é ainda mais passivo. Beketov estudou pela primeira vez que os metais são deslocados dos seus compostos por outros metais. Beketov colocou os metais por ordem decrescente da sua atividade química na chamada "série de deslocamento". Atualmente, a linha de compressão de Beketov é chamada linha de tensões, porque a posição de qualquer metal na linha depende da magnitude da tensão eléctrica, ou seja, da diferença de potencial que ocorre quando o mesmo metal é colocado numa solução salina do mesmo metal. As tensões dos metais mais importantes na linha terão o seguinte aspeto:

K, Na, Ca, Mg, Al, Mn, Zn, Fe, Ni, Sn, Pb, H_2, Cu, Hg, Ag, Au

O hidrogénio está incluído nesta lista, porque pode deslocar alguns metais dos seus sais e, por sua vez, deslocar metais de soluções ácidas.

Beketov acreditava que a reação de deslocamento do hidrogénio dos metais é uma reação e que, para cada metal, deve existir uma pressão que mude a direção da reação no sentido oposto, ou seja, o hidrogénio começa a deslocar o metal da solução salina desse metal. As ideias de Beketov foram confirmadas mais tarde. Por exemplo, consideremos a reação de deslocamento de hidrogénio do zinco.

$$Zn + 2H^{+1} = Zn^{+2} + H_2$$

Os metais reagem de forma algo violenta com halogéneos, oxigénio e enxofre com elevada eletronegatividade:

$$Ca + Cl_2 = Casl_2$$

$$2Mg + O_2 = 2MgO$$

13.3. Métodos de extração de metais de metais

As rochas que contêm compostos naturais de metais são designadas por minérios .

Os seguintes compostos de metais são comuns na natureza :

1. Óxidos (os principais: corindo - Al_2O_3, magnético - Fe_2O_3, ponte - Cu_2O , pirolbita - MnO_2 , cassiterite - SnO_2);
2. Sulfuretos (sulfuretos de ferro, níquel, cobre, chumbo e outros metais).
3. Os metais alcalinos e alcalino-terrosos encontram-se na natureza sob a forma de halogenetos (ou seja, sob a forma de compostos com halogéneos). 4. Os metais encontram-se também sob a forma de sais de ácidos oxigenados, por exemplo, carbonatos, silicatos, fosfatos, sulfatos. Os minérios são as principais matérias-primas para a extração de metais.

Antes de extrair os metais dos minérios, estes são limpos de impurezas, lavados, porque as impurezas dificultam a recuperação dos metais. Os metais na indústria são principalmente os seguintes:

4. pirometalurgia (redução a alta temperatura): a) metalotermia (o metal ativo do metal obtido é utilizado como redutor); b) é obtido pelo método da carbotérmica (o carbono é frequentemente utilizado como agente redutor).

No método de metalometria, o alumínio, o magnésio, o cálcio e outros metais activos são utilizados como agentes redutores. Por exemplo, o titânio é recuperado do cloreto de titânio com magnésio:

$$TiCl_4+2Mg=Ti+2MgCl_2$$

O alumínio é frequentemente utilizado na recuperação de metais (especialmente metais raros):

$$Cr_2O_3+2Al=2Cr+Al_2O_3$$

Este método é designado por aluminotermia. De novo na indústria

5. hidrometalurgia - neste método, os metais são recuperados com a ajuda de soluções aquosas de sais e bases ácidas, e 3) métodos de eletrometalurgia (separação de metais de soluções e líquidos de sais por eletrólise) são utilizados.

Extração de metais puros. A extração de metais puros e a sua incineração são o resultado do desenvolvimento da tecnologia moderna. O aumento da pureza dos metais melhora algumas das suas propriedades técnicas. Por exemplo, a plasticidade, A condutividade eléctrica e térmica dos metais puros aumentou significativamente e estes tornaram-se difíceis de corroer. Anteriormente, pensava-se que o manganês, o crómio, o vanádio, o ouro e outros metais eram muito frágeis. Atualmente, sabe-se que estes metais são muito bem achatados, ligados e estirados como arame.

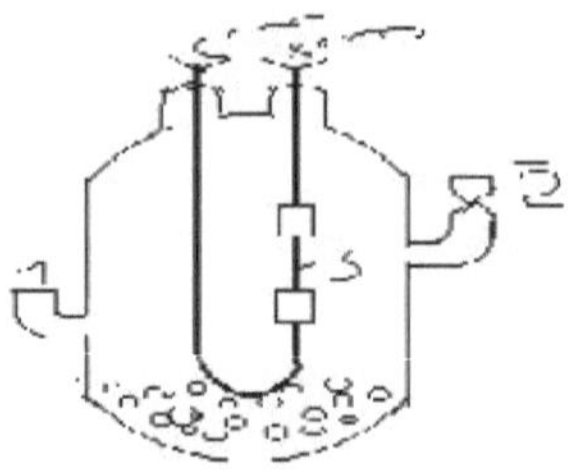

Os metais utilizados na tecnologia como semicondutores estão sujeitos a requisitos de pureza muito elevados. Por exemplo, o germânio, que é utilizado como semicondutor na tecnologia, deve conter menos de uma parte por milhão de cobre e níquel. Na energia nuclear, apenas são utilizados o urânio, o tório e o berílio ultra-puros. A tecnologia de extração de metais puros é muito complexa e envolve normalmente várias etapas. Por exemplo, o titânio é frequentemente obtido por decomposição térmica de iodetos (figura acima).

Primeiro, o metal combina-se com o iodo para formar um composto volátil e, em seguida, no estado de vapor, o iodeto de titânio decompõe-se na fibra de titânio aquecida no vácuo. Ou o cloreto de titânio (1V) é reduzido com magnésio ou sódio metálico a 800-900°C.

$$TiCl_{4(g)} + 2Mg_{(s)} = Ti_{(k)} + 2MgCl_2$$

O magnésio - método térmico contém 55-56 % de Ti, 20-30 % de MgCl 2 e 10-20 % de Mg. É aquecido com Mg c $MgCl_2$ a 900-925 ° C a 20-25

Alguns dos produtos técnicos de titânio

A limpeza é feita com uma pistola térmica de 1300-1500 S d a tit a e simd de uma fábrica _ _ _ _ °O método de acabamento é absolutamente nulo .

13.4. Fotografias Q e sua composição

Os metais são utilizados na economia nacional em estado puro e, na maioria dos casos, em ligas (soluções sólidas homogéneas que contêm dois ou mais metais). O ferro fundido é uma liga de ferro que contém 1,7-4,4% de carbono, e tem adições de Si, P, Mn, etc. na sua composição, é duro mas quebradiço em comparação com o ferro.

Aço - ferro com menos de 1,7% de carbono.

O latão é uma liga de cobre que contém entre 10% e 50% de zinco. É utilizado na indústria de ferramentas e na indústria automóvel.

O bronze é uma liga de cobre que contém até 20% de estanho. Fácil de deitar.

Con st antan -60% Cu 38-40% Ni uma liga constituída por

Nicromo -60% Ni, 14-18% Fe, o restante Cr uma liga constituída por Devido à sua elevada resistência eléctrica, é utilizado na produção de dispositivos de aquecimento.

Cromel -90% Ni e até 10% Cr.

Alumel -95% O que, 1,8-2,5% Al 18-22% Mn até 088 -115 Si uma liga constituída por este novo tópico é contado e explicado, os folhetos são dados aos alunos e verificados para ver se os alunos aceitaram bem o novo tópico.

QUESTÕES DE AUTO-CONTROLO:

1. Q tais elementos são designados por metais?

2. Descrever as propriedades físicas dos metais.
3. Enumerar as propriedades químicas dos metais .
4. Onde são utilizados os metais?
5. Como se chamam os minérios?
6. Diga-me quais são os métodos de obtenção de metais a partir de minérios de sulfureto e de oxigénio?
7. Como são obtidos os metais activos livres?
8. Que tipo de tiroteio é chamado de tiroteio?
9. Qual é a essência da análise térmica do tiro
10. Em que caso é que a injeção é designada por solução quente?

CAPÍTULO XIV

. CORROSÃO DOS METAIS.

14.1. CORROSÃO DOS METAIS.

Os metais e as ligas metálicas são importantes materiais de construção modernos. Em todos os locais onde são utilizadas construções metálicas (ar, água, solo) existem substâncias que interagem com os metais e os corroem. A corrosão deriva da palavra latina "corrodere", que significa deterioração. A corrosão dos metais é o fenómeno de decomposição espontânea do metal e dos produtos metálicos em resultado da interação físico-química com o ambiente.

O ambiente em que ocorre a corrosão dos metais, na maioria dos casos, são vários líquidos e gases. A corrosão é o processo de autodestruição dos metais, diferente dos processos que não se designam por corrosão, que consistem na dissolução dos metais em ácidos (com o objetivo de obter sal), na formação de elementos galvânicos (com o objetivo de obter corrente eléctrica constante) e na deposição catódica dos metais a partir da solução.

A corrosão dos metais é um processo de decomposição resultante da interação físico-química dos metais com o ambiente e difere da decomposição radioactiva dos metais e do dano mecânico-erosão dos metais (trituração, decomposição durante o funcionamento de peças de máquinas).

O processo de corrosão ocorre na fronteira entre duas fases, ou seja, é um processo heterogéneo entre o metal e uma substância líquida ou gasosa (ou rochas oxidantes) denominada metal-ambiente.

14.2. Corrosão química e eletroquímica .

De acordo com o mecanismo de degradação, existem dois tipos de corrosão:

- Corrosão química
- Corrosão eletroquímica

Se não aparecer uma corrente eléctrica no sistema quando o metal é oxidado e corroído no ambiente circundante, essa erosão é designada por corrosão química. Neste caso, o metal reage com os componentes do ambiente - gases e não electrólitos.

O tipo de corrosão química denominado corrosão em ambiente gasoso, ou seja, a combinação de metais com o oxigénio do ar, provoca grandes danos. Quando a temperatura aumenta, a taxa de oxidação da maioria dos metais aumenta consideravelmente.

E l e ctr o chemical k o rr o ziya - eng k a tt a z a r a r k e ltir a di . Quando ocorre uma corrente eléctrica no sistema durante a decomposição do metal num ambiente eletrolítico, esta decomposição é designada por corrosão eletroquímica . Neste caso, também ocorrem processos químicos.

Um exemplo de corrosão eletroquímica é a corrosão do ferro em contacto com o cobre numa solução de ácido clorídrico.

A corrosão dos metais continua e causa danos. Estima-se que o desperdício direto de ferro devido à corrosão seja de cerca de 15-20% do ferro produzido em forma líquida por ano.

14.3. Luta contra a corrosão .

Como resultado da corrosão, os produtos metálicos perdem os seus valiosos meios técnicos. Por conseguinte, os métodos de proteção contra a corrosão de metais e ligas são de grande importância. São diferentes, os mais importantes são:

- Revestimentos protectores de superfícies metálicas
- Criação de ligas com propriedades anticorrosivas.
- Proteção do protetor e proteção eléctrica.
- Alterar o conteúdo do ambiente .

QUESTÕES DE AUTO-CONTROLO:

1. O que é que quer dizer com corrosão?
2. Quantos tipos diferentes de corrosão existem?
3. O que é o potencial de oxidação?
4. Que metais se oxidam facilmente
5. Que iões de que metais são mais facilmente reduzidos?
6. Que metais deslocam o hidrogénio de um ácido?
7. Quais são as principais formas de proteger os metais da corrosão?
8. O que são inibidores de corrosão ácida?

CAPÍTULO XV

ELEMENTOS GALVANIZADOS.

15.1. POTENCIAL DE ELÉCTRODO DOS METAIS.

De acordo com a teoria de LV Pisarzhevsky, se uma bola de metal for largada na água ou numa solução que contenha este ião metálico, forma-se um potencial de elétrodo na interface metal-líquido, porque os iões na superfície do metal são atraídos pelas moléculas polarizadas da água, e o líquido começa a ser absorvido pelo metal, sendo finalmente atingido o equilíbrio.

Me^ Me $_{n+}$ + n

Como resultado da absorção de iões pela água, acumulam-se no metal electrões livres em excesso; o metal fica carregado negativamente e o líquido fica carregado positivamente. Absorvidos do metal para a solução, os iões hidratados são atraídos para o metal e forma-se um campo elétrico perto da superfície do metal, criando assim uma diferença de potencial entre o metal e a solução. Este valor é designado por potencial de elétrodo do metal. Os valores dos potenciais que surgem quando diferentes metais são imersos em água são diferentes. Quanto mais ativo for um metal, mais iões absorve no meio aquoso circundante, pelo que o valor da carga negativa que aparece na placa metálica é mais elevado. Isto deve-se ao facto de os catiões nas redes cristalinas de alguns metais não terem a mesma energia de ligação, e é o resultado de uma hidratação não uniforme. Aqui, o raio efetivo dos catiões desempenha um papel importante.

Se um metal (por exemplo, Zn) for colocado numa solução de um sal (por exemplo, sulfato de zinco), o equilíbrio na superfície metal-líquido desloca-se e forma-se uma nova diferença de potencial.

A propriedade redutora-oxidante das substâncias comuns é longa. Para os potenciais de elétrodo, é necessário ter em conta a energia utilizada para quebrar as ligações interatómicas na rede cristalina durante a reação de substâncias simples em soluções, bem como a energia de hidratação para absorver iões na solução. Por exemplo, de acordo com a localização do cobre e do zinco no sistema periódico de elementos de DI Meneleev, o valor da energia de ionização é igual a Cu=738 e Zn=901 kJ. Por conseguinte, o elemento cobre deve ter uma propriedade redutora mais forte do que o elemento zinco, mas a ligação na rede cristalina do cobre é muito mais forte. Por conseguinte, a energia de hidratação do ião de cobre é inferior à do ião de zinco. Isto dificulta a entrada dos iões de cobre na solução. Por conseguinte, o cobre é um agente redutor muito fraco em comparação com o zinco. O valor do potencial do elétrodo depende da natureza do metal, da concentração de iões na solução e da temperatura.

15.2. ELÉCTRODO DE HIDROGÉNIO NORMAL

Os eléctrodos de gás são constituídos por um condutor metálico inativo (Rt) saturado de gás e por uma solução que contém iões de gás. Um condutor metálico cria um fluxo de electrões, mas a extremidade não fornece iões à solução. Por exemplo, vamos queimar um elétrodo de hidrogénio normal. Se mergulharmos a placa de platina numa solução de ácido sulfúrico 2 N com uma concentração de iões de hidrogénio activos de

1 mol/l e libertarmos hidrogénio da solução a 1 pressão atmosférica (a 25°C), o hidrogénio será absorvido na superfície da placa de platina e formará uma película de hidrogénio (cortina). Deste modo, a solução electrolítica (H_2SO_4) é saturada com uma película de hidrogénio em vez de uma placa de platina, formando-se um elétrodo de hidrogénio.

Um elétrodo de hidrogénio desvia um ião para a solução, tal como os eléctrodos metálicos:

Como resultado, forma-se uma diferença de potencial entre a solução e o elétrodo de hidrogénio, a que se chama potencial normal do elétrodo de hidrogénio. Assume-se condicionalmente que é zero. Deste modo, forma-se um elétrodo de hidrogénio gasoso que fornece um catião à solução. Uma vez que os gases participam nas reacções nos eléctrodos gasosos, os potenciais destes eléctrodos dependem da pressão parcial dos gases.

15.3. SÉRIE DE TENSÃO DOS METAIS.

Conceito de potencial padrão.

O potencial de um elétrodo separado é chamado potencial absoluto. Mas é muito difícil de medir. Por isso, na prática, é utilizado o potencial relativo do elétrodo. Para este efeito, o potencial absoluto de um dos eléctrodos comparados é assumido como sendo zero.

O potencial padrão do elétrodo (E°) é o ião ativo

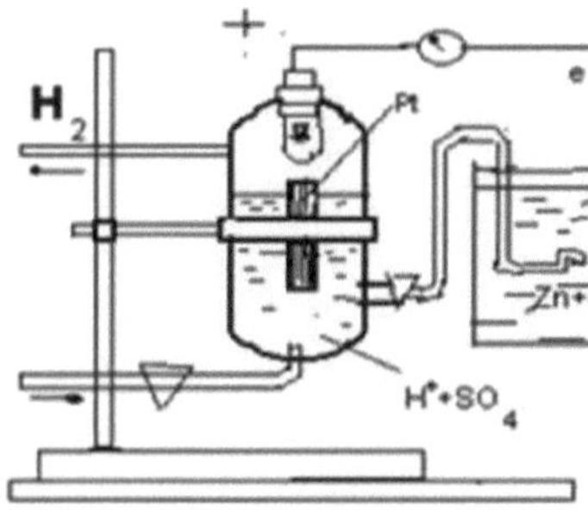

É definido como a diferença entre o potencial de um elétrodo imerso numa solução salina com uma concentração de 1 mol/l a 25°C e o potencial de um elétrodo de hidrogénio padrão.

Para determinar o valor do potencial do elétrodo padrão, é construída uma célula galvânica. Neste elemento galvânico, é tomado um elétrodo de hidrogénio padrão, como segundo elétrodo, uma placa metálica cujo valor potencial deve ser determinado, por exemplo, um elétrodo de zinco imerso numa solução 1M de $ZnSO_4$ com uma concentração de iões de zinco activos igual a 1 mol/l na determinação do potencial normal do zinco é um elétrodo de hidrogénio padrão ligado a um elétrodo de zinco padrão. A condutividade eléctrica do elemento galvânico resultante é medida e o potencial do elétrodo padrão do zinco é encontrado com base na fórmula $E=E_1-E_2$.

Assim, a diferença entre o potencial do elétrodo de zinco e o potencial padrão do hidrogénio no elemento galvânico é igual a 0,766 V. Uma vez que o elétrodo de zinco é negativo, os electrões nele contidos são atraídos para o elétrodo de hidrogénio com um arco de circuito externo. O potencial de elétrodo padrão dos metais representa a força da ligação entre o ião metálico e os electrões de valência neles contidos. Quanto mais baixo for o valor do potencial do elétrodo padrão, mais fraca é esta ligação e o átomo metálico perde mais facilmente o seu eletrão, ou seja, a sua atividade química é maior. Dependendo da sua atividade química, os metais são colocados no cator de tensão.

As seguintes conclusões podem ser tiradas da série de tensões dos metais. Cada metal espreme o metal seguinte do seu sal na série de atividade.

1. Os metais com potenciais de elétrodo padrão negativos extraem o hidrogénio dos ácidos.
2. Quanto maior for o valor positivo do potencial do elétrodo padrão do metal, mais forte será o seu ião.

Coeficiente de tensão dos metais

Elétrodo	*Potencial, volts*	*Elétrodo e*	*Potentia 1 tensão*	*Elétrodo*	*OotnntiaV volt*
Li/Li^+	-3.04	Zn^{2+}/Zn	-0.76	Ge/Ge^{2+}	-0.0
Ba/Ba^{2+}	-2.94	Cr/Cr^{3+}	-0.71	Sb/Sb^{2+}	+0.20
K /I<$^+$	-2.92	Fe/Fe^{2+}	-0.44	Bi/Bi^{3+}	+0.30
Ca/Ca^{2+}	-2.87	Cd/Cd^{2+}	-0.40	Cu/Cu^{2+}	+0.34
Na^+ Na	-2.71	Co^{2+} Co	-0.28	Hg^{2+} 2	+0.79
Mg^{2+}/Mg	-2.37	Ni/Ni^{2+}	-0.25	/2Hg	+0.80
Al/Al^{3+}	-1.70	Sn/Sn^{2+}	-0.14	Ag/Ag^+	+0.85
Ti/Ti^{2+}	-1.63	Pb/Pb^{2+}	-0.13	Hg/Hg^+	+1.20
Mn/Mn^{2+}	-1.18	Fe/Fe^{3+}	-0.04	Pt/Pt^{2+}	+1.68
				Au/Au^{3+}	

15.4. ELEMENTO GALVÂNICO E APARECIMENTO DE ENERGIA ELÉCTRICA NO MESMO

Os dispositivos que geram energia eléctrica como resultado de reacções químicas, ou seja, que convertem energia química em energia eléctrica, são designados por elementos galvânicos . Uma célula galvânica pode ser fabricada a partir de uma variedade de pares de metais. Por exemplo, na célula de Daniel-Jacobi, os eléctrodos de zinco e de cobre são mergulhados numa solução 1 molar de sais de ZnSO 4e CuSO 4 , respetivamente, e os eléctrodos são ligados com galvanómetros (figura abaixo).

Neste caso, os electrões são dirigidos do metal ativo (Zn) para o metal inativo (Cu). Se as soluções electrolíticas não forem combinadas, na solução de sulfato de zinco acumulam-se iões Zn^{2+} carregados positivamente e na solução de sulfato de cobre acumulam-se iões SO^{2-} 4 carregados negativamente, o que aumenta a resistência à continuação do processo. Por isso, as soluções de ambos os recipientes são ligadas por meio de um tubo cheio de uma solução electrolítica ou de um tampão semicondutor.

Desta forma, assegura-se a difusão dos catiões Zn^{2+} e dos aniões SO^{2-} 4 de um recipiente para o outro e, consequentemente, o processo de oxidação-redução continua:

$$Zn + Cu^{02+} = Zn^{2+} + Cu^{0}$$

Esta célula galvânica pode ser escrita com o seguinte esquema eletroquímico:

$$A(-)Zn^{2+} +/ Zn// Cu^{2+} +/ Cu(+)K$$

Ânodo Cátodo

Verifica-se que o processo de oxidação tem lugar no ânodo e o processo de redução tem lugar no cátodo.

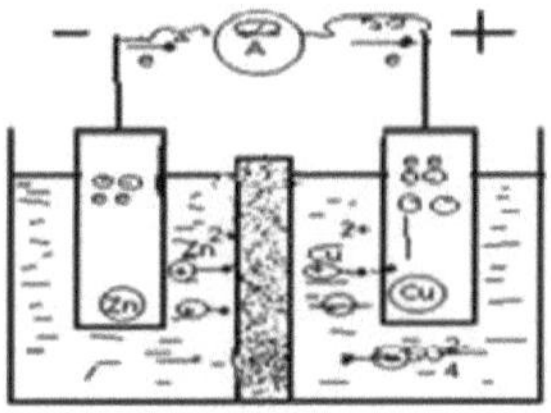

Para determinar a força eletromotriz (e.u.c.) do elemento galvânico, o valor do potencial do elétrodo é subtraído do menor. Por exemplo, no elemento de zinco-cobre em concentrações normais.

15.5. EQUAÇÃO DE NERNST

A concentração do mesmo catião que o metal do elétrodo afecta grandemente o valor do potencial do elétrodo. Se a concentração de iões na solução aumentar, o potencial dos eléctrodos metálicos diminui e, consequentemente, o potencial dos eléctrodos não metálicos aumenta. Se a concentração de iões metálicos não for igual a 1 mol/l, a equação de Nernst é utilizada para determinar o potencial de qualquer elétrodo numa célula galvânica:

$$E = E^0 + \frac{2{,}3RT}{nF}\lg C$$

Aqui: Potencial do elétrodo E,

R-Constante universal dos gases: (R=8,315 J/grau*mol),

F - número de Faraday (96500 coulombs), valência do catião n, S - concentração do catião na solução electrolítica, T - temperatura absoluta,

E^0 é o potencial padrão do elétrodo,

Quando T=298° K, a fórmula acima é escrita do seguinte modo

$$E = E^0 + \frac{0{,}059}{n}\lg\frac{[\text{oxidation}]}{[\text{return}]}$$

2,303 é o número de passos do logaritmo natural para o logaritmo decimal na fórmula, ou:

$$E = E^0 + \frac{0{,}059}{n}\lg\frac{[\text{oxidation}]}{[\text{return}]}$$

onde: E é o potencial do elétrodo a uma dada concentração, E^{0} é o potencial de electrões padrão.

PERGUNTAS SOBRE O AUTOCONTROLO:

1. Explicar o processo de formação da diferença de potencial na fronteira entre o metal e a solução?
2. O que é o potencial normal do hidrogénio?
3. A que se chama o potencial de elétrodo padrão de um metal?
4. O que é uma célula galvânica? Como é que funciona?
5. Como é calculada a EIUK de uma célula galvânica?

CAPÍTULO XVI

PROCESSOS DE ELECTRÓLISE.

16.1. PROCESSOS DE ELECTRÓLISE.

A eletrólise é um processo de oxidação-redução que ocorre em soluções electrolíticas ou líquidos sob a influência da eletricidade.

Para realizar a eletrólise, é utilizada uma fonte de corrente constante. Existem dois tipos de eléctrodos: 1) Insolúveis - incluem a grafite, a platina, o ouro (os eléctrodos insolúveis não participam no processo químico, servem apenas como condutores electrónicos); 2) fusíveis - incluem todos os eléctrodos metálicos, exceto os metais acima mencionados. Quando estes eléctrodos são utilizados como ânodos na eletrólise, cedem iões à solução e dissolvem-se.

O metal puro é obtido utilizando um elétrodo anódico solúvel. Neste caso, o processo de eletrólise deve ser realizado numa solução do sal metálico a purificar. O cobre, o zinco, o cádmio, o níquel, o cobalto, o manganês e outros metais são obtidos por eletrólise de soluções salinas na indústria. Através deste método, um metal é revestido por outro metal. Este método é designado por galvanostegia.

No elétrodo catódico, os iões de carga positiva do eletrólito são descarregados ao aceitarem electrões. O ião que é descarregado primeiro depende da localização do metal em relação ao hidrogénio, da sua concentração e, em alguns casos, do potencial do elétrodo.

16.2. ELECTRÓLISE DE LÍQUIDOS E SOLUÇÕES DE SUBSTÂNCIAS ELECTROLÍTICAS EM ÁGUA

1. Quando soluções de sais de metais activos com um pequeno valor do potencial de elétrodo normal (de Li a Al na gama de tensões) são electrolisadas, apenas as moléculas de água são sempre devolvidas ao cátodo e o hidrogénio é libertado, porque as moléculas de água têm a propriedade de se reduzirem facilmente em comparação com os catiões destes metais, por exemplo, o esquema de eletrólise da solução de MgCl2 é o seguinte

(-) Cathode $Mg^{2+} \longleftarrow MgCl2 \longrightarrow 2Cl^-$ Anode (+)

$$H^+ \longleftarrow H_2O \longrightarrow OH^-$$

<u>No cátodo:</u> $2H_2O + 2e = H_2 + 2OH-$

<u>No ânodo</u>: $2Cl - 2e = Cl_2$

$Mg^{2+} + OH^- = Mg(OH)_2$

2. Soluções de sais metálicos (de Al a N) com um potencial de elétrodo normal superior ao do alumínio, mas inferior ao do hidrogénio (a partir de -0,41 V) (quando electrolisadas num meio neutro (pN-7), as moléculas de água são devolvidas juntamente com os catiões metálicos no cátodo), pelo que o metal e o hidrogénio são separados no cátodo.

Por exemplo:

$$(-)\ \text{Cathode}\ Zn^{2+} \longleftarrow ZnSO_4 \longrightarrow SO_4^{2-}\ \text{Anode}\ (+)$$

$$nH_2O$$

No cátodo: $Zn_2 + + 2e = Zn$

$2H_2O + 2e = H_2 + 2OH-$

No ânodo: $2H_2O - 4e = O_2 + 4H^+$

$2H+ + SO_4^{2-} = H_2SO_4$

3. Quando soluções de sais de metais inactivos com um potencial de elétrodo normal superior ao do hidrogénio (de Su a Au) são electrolisadas, apenas os catiões metálicos são devolvidos ao cátodo e os metais são separados livremente, por exemplo:

$$(-)\ \text{Cathode}\ Cu^{2+} \longleftarrow CuCl_2 \longrightarrow 2Cl-\ \text{Anode}\ (+)$$

No cátodo : $Su^{2+} + 2e = Cu$

No ânodo: $2Cl^- - 2e = Cl_2$

4. Quando os líquidos electrolíticos são electrolisados, independentemente da posição dos metais na série de tensão, os catiões metálicos são sempre devolvidos ao cátodo e o metal é separado livremente, por exemplo:

$$(-)\ \text{Cathode}\ 2Na^+ \longleftarrow Na_2SO_4 \longrightarrow SO_4^{2-}\ \text{Anode}\ (+)$$

- No cátodo: $2Na^+ + 2e = 2Na$
- No ânodo: $SO_4^{2-} - 2e = SO_2 + O_2$

PROCESSOS QUE OCORREM NO ÂNODO

- 1. Quando os ácidos isentos de oxigénio e os seus sais são electrolisados, os resíduos de ácidos isentos de oxigénio (J^- , Br^- , Cl^- , S^{2-}) são sempre oxidados e libertados livremente no ânodo, porque os resíduos de ácidos isentos de oxigénio têm a propriedade de se oxidarem facilmente em comparação com as moléculas de água, por exemplo:

$$(-)\ \text{Cathode}\ 2K^+ \longleftarrow 2KJ \longrightarrow 2J^-\ \text{Anode}\ (+)$$

$$H^+ \longleftarrow H_2O \longrightarrow OH^-$$

- No cátodo: $2H_2O + 2e = H_2 + 2OH^-$

- No ânodo: $2J - 2e = J_2$

$2K^+ + 2OH^- = 2KOH$

2. Quando os oxiácidos e os seus sais são electrolisados, as moléculas de água são sempre oxidadas no ânodo e o oxigénio é libertado, porque o NO_3^- ,
Os resíduos de ácidos oxigenados como o CO_3^{2-} , SO_3^{2-} , SO_4^{2-} têm a propriedade de serem facilmente oxidados em comparação com as moléculas de água, por exemplo:

$$(-)\ \text{Cathode}\ Ca^{2+} \longleftarrow Ca(NO_3)_2 \longrightarrow 2\ NO_3^-\ \text{Anode}\ (+)$$

$$H^+ \longleftarrow H_2O \longrightarrow OH^-$$

- No cátodo: $2H_2O + 2e = H_2 + 2OH^-$
- No ânodo: $2H_2O - 4e = O_2 + 4H^+$

Como os ânodos insolúveis (S, Rt, etc.) são quimicamente inertes, não sofrem oxidação durante a eletrólise. Os ânodos dissolvidos (Cu, Ni, Ag, Fe, etc.) sofrem um processo de oxidação, por exemplo, quando uma solução de $CuSO_4$ é electrolisada num elétrodo de cobre, os iões Cu^{2+} presentes na solução deslocam-se para o cátodo, onde são devolvidos e o cobre é separado na forma metálica, e no ânodo o elétrodo de cobre é oxidado e entra na solução sob a forma de iões de cobre, pelo que

$$CuSO_4 \leftrightarrow Cu^{2+} + SO_4^{2-}$$

Como o equilíbrio não se alterou, a quantidade de sal na solução permanece inalterada. Assim, a mesma quantidade de cobre fundido no ânodo é libertada no cátodo.

No ânodo: $Cu - 2e = Cu^{2+}$

No cátodo: $Cu^{2+} + 2e = Cu$

16.3. LEIS DE FARADAY

Os processos de oxidação-redução nos eléctrodos durante a eletrólise obedecem às leis de Faraday. As leis de Faraday são definidas como:

A massa de substâncias libertadas no elétrodo é proporcional ao tempo de passagem da corrente através do eletrólito.

Quando uma quantidade igual de corrente eléctrica passa através de electrólitos diferentes, são libertadas nos eléctrodos substâncias iguais ao seu equivalente químico.

Quando uma corrente de 96.500 coulombs atravessa a solução electrolítica ou a liquefação, é libertado 1 equiv de substância no elétrodo. Este número é designado por número de Faraday e é denotado pela letra F.

A expressão matemática da lei de Faraday pode ser expressa pelas seguintes fórmulas:

$$m = K\text{-}Q \qquad (1)$$

em que: m é a massa da substância libertada durante a eletrólise; K é o equivalente eletroquímico da substância;

Q é a quantidade de eletricidade, em coulombs.

Dado que Q = i - t, a fórmula (2) escreve-se do seguinte modo

$$m = \frac{\acute{Y}}{96500} \cdot i \cdot t \qquad (2)$$

em que: i - corrente, em amperes; t é o tempo necessário para a eletrólise, em segundos ou horas.

Se o tempo for dado em segundos

F = 96500, se for dado em horas, é igual a F = 26,8. Assim sendo:

$$m = \frac{\acute{Y}}{96500} \cdot i \cdot t \text{ (sec)}$$

$$m = \frac{\acute{Y}}{26{,}8} \cdot i \cdot t \text{ (hour)}$$

16.4. APLICAÇÃO DOS PROCESSOS DE ELECTRÓLISE NA INDÚSTRIA

O serviço de elementos galvânicos é utilizado em automóveis, aviões, vapores, locomotivas e outros veículos conhecidos por todos nós. Sabe-se que são amplamente utilizados em empresas industriais, em vários domínios da tecnologia e da economia nacional. A partir de agora, prevê-se uma utilização mais ampla das fontes químicas de eletricidade.

A eletrólise é amplamente utilizada na metalurgia, na indústria química e na galvanotecnia. Os metais são extraídos de minerais, sais e líquidos dissolvidos. O ouro, a prata e outros metais também podem ser obtidos por eletrólise. A refinação electrolítica, a electroextracção e outros métodos industriais são utilizados. O método de revestimento eletrolítico de metais é amplamente utilizado na indústria automóvel, na construção de máquinas e noutros sectores da economia nacional.

Através da galvanoplastia obtêm-se cópias metálicas exactas de objectos. A retificação electrolítica do aço, do alumínio e do magnésio é também efectuada por eletrólise. A niquelagem, a cromagem e várias outras operações importantes estão também incluídas neste processo. Estas operações aumentam várias vezes a resistência à corrosão dos metais.

Na indústria química, muitos oxidantes, como o cloro, o bromo e o iodo, são obtidos por eletrólise.

PERGUNTAS SOBRE O AUTOCONTROLO:

1. A que se chama eletrólise?
2. O processo de eletrólise depende da gama de atividade dos metais?
3. Quais são as regras para a eletrólise em solução?
4. Explicar a essência da eletrólise do ânodo fundido.
5. $CuSO_4$ com a participação de eléctrodos de carvão e de cobre.
6. Como se processa a eletrólise dos líquidos? Como é definida a lei de Faraday?
7. Dar exemplos de Faraday Q ?
8. A solução é demasiado necessária para enviar eletricidade?

CAPÍTULO XVII

CONCEITO DE COMPOSTOS COMPLEXOS. 17.1. CONCEITO DE COMPOSTOS COMPLEXOS.

Como resultado de uma investigação de longo prazo, no final do século XIX, todos os compostos químicos foram divididos em dois grupos: um deles foi designado por compostos atómicos e o outro por compostos moleculares (ou complexos). Mais tarde, os primeiros tipos de compostos são designados por compostos de primeira ordem e os segundos por compostos de ordem superior. Substâncias como $CuCl_2$, BF_3, NH_3, $FeCl_3$ foram incluídas entre os compostos de primeira ordem, a sua formação está sujeita à regra da valência. Os compostos de ordem superior são formados como resultado da combinação de um composto simples com outro composto simples. Por exemplo, quando o amoníaco é aplicado a uma solução de cloreto de cobre, forma-se um composto molecular a partir destes dois compostos simples:

$$CuCl_{2}+4NH_{3}CuCl_{2}+4NH_{3}$$

Os compostos relativamente estáveis de ordem superior são designados por compostos complexos (de coordenação).

Um composto de coordenação é um composto cuja molécula ou centro iónico tem um ião ou um átomo, que está rodeado por vários iões ou moléculas, ou seja, ligandos.

17.2. COMPOSIÇÃO DE COMPOSTOS COMPLEXOS: LIGANDOS, ÁTOMOS CENTRAIS FORMADORES DE COMPLEXOS E RESPECTIVOS NÚMEROS DE COORDENAÇÃO.

Foi referido nos capítulos anteriores que a perda de electrões na reação dos metais é uma caraterística especial dos mesmos. Os iões de carga positiva formados - os catiões não são livres, mas existem juntamente com os aniões que os rodeiam, o que leva ao equilíbrio de cargas. Catiões metálicos - ácidos de Lewis (GN Lewis explicou o aceitador com um par de electrões não dividido como um ácido, e o dador do mesmo par de electrões não dividido como uma base). Isto significa que podem ligar-se a moléculas neutras ou aniões que tenham pares de electrões não partilhados.

Estas partículas são chamadas iões complexos ou complexos, e os compostos que contêm iões são chamados compostos de coordenação.

Os compostos de coordenação são comuns na química geral e inorgânica. Atualmente, muitos compostos organometálicos, vitaminas (V_{12}), hemoglobina do sangue, clorofila, etc. são considerados como tais.

As moléculas ou iões que rodeiam os átomos metálicos em compostos complexos são designados por ligandos (latim ligare - ligantes). Têm pelo menos um par de electrões de valência não partilhado. Em alguns casos, as ligações formadas entre o metal e os seus ligandos são também explicadas por Shuv, a atração eletrostática formada entre o ião positivo e o ião negativo ou os lados negativos de moléculas polarizadas.

Assim, a capacidade dos metais para formar compostos complexos aumenta com o aumento da carga positiva de um ião metálico e com a diminuição do seu raio iónico. Os iões de metais alcalinos Na^{+} e K^{+} formam complexos com grande dificuldade, enquanto os iões positivos multicarregados de metais intermédios se distinguem pela sua tendência para formar complexos. É também de salientar que o ião Cr^{+3} forma um complexo mais forte do que o ião Al^{+3} . A ligação formada entre o ião metálico e o ligando pode ser vista no exemplo seguinte:

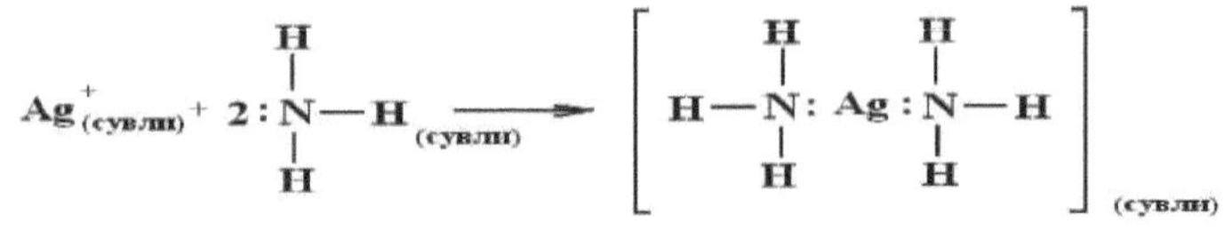

Quando um ião complexo é formado, significa que os ligandos estão reunidos em torno do metal. O ião central do metal e os ligandos a ele ligados formam uma esfera de coordenação. Por isso, quando se exprimem compostos de coordenação, utilizam-se parêntesis rectos para separar a esfera de coordenação interna das outras partes do composto. A substância com a fórmula $[Cu(NH_3)_4]SO4$ representa um composto de coordenação que contém iões $[Cu(NH3)_4]^{2+}$ e SO_4^{2-} . Neste composto, quatro moléculas de amoníaco estão diretamente combinadas com duas moléculas de cobre em banda.
Um átomo ligante diretamente ligado ao átomo metálico central do complexo é designado por átomo dador. O átomo dador no complexo é o átomo de azoto.

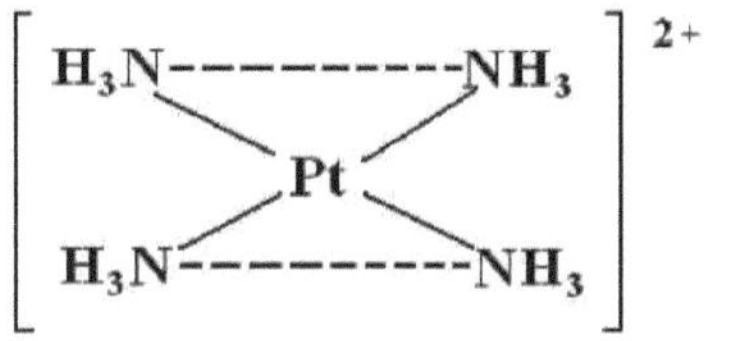

O número do átomo dador ligado ao ião metálico é o seu número de <u>coordenação</u>. No complexo acima referido, o número de coordenação da platina é 4 e no $[\ Co\ (\ N3\ H)_6\ ]^{3+}$ o número de coordenação do cobalto é 6. Alguns iões metálicos têm um número de coordenação constante. Foi determinado que o número de coordenação do cobalto com o crómio trivalente é igual a 6 e o da platina divalente é igual a 4. O número de coros situa-se geralmente entre 4 e 6. Este número depende do tamanho do ião metálico e dos ligandos que o rodeiam. Quando os ligandos são grandes, estão menos agrupados em torno do ião metálico. A carga negativa ligada ao átomo central do metal e os ligandos flutuantes também causam uma diminuição no número de coordenação. No complexo $[Ni(NH_3)_6]^{2+}$, 6 moléculas de amoníaco neutro estão reunidas em torno do átomo de níquel (P), enquanto que no complexo $[NiSl_4]^2$ estão reunidos quatro iões cloreto com carga negativa. Os complexos com quatro números de coordenação têm uma estrutura tetraédrica ou plano-quadrado, e os complexos com seis números de coordenação têm uma estrutura geométrica octaédrica.

17.3. ESFERA INTERNA E EXTERNA DAS COMBINAÇÕES COMPLEXAS

A nomenclatura empírica é utilizada para designar os compostos complexos. Alguns destes nomes sobreviveram até aos nossos dias. O sal de Reinecke $NH_4[C(NH_3)_2(NCS)_4]$ é um desses complexos. A nomenclatura aceite pela União Internacional de Química Teórica e Aplicada (IYUPAK) foi introduzida em 196Z e é utilizada para os compostos complexos da seguinte forma

1. Nos sais, menciona-se primeiro o nome do catião e depois o nome do anião. Cl $[Co(NH_3)_5Cl]Cl_2$- clorocálcio de pentaamina (P)-cloreto de cobalto. $[Co(NH_3)_6][C(C_2O_4)_3]$- hexaamina cobalto (SH)-trioxalato de crómio (SH).

2. Ao nomear um ião ou molécula complexa, considere os metais . Os ligandos são listados por ordem alfabética, independentemente da sua carga. Depois de escrever a fórmula do complexo, o primeiro metal é mostrado $K_2[Pt(N_2O_2)Sl_2]$ diclorodinitritoplatinato (P)-potássio.

Z. A adição do sufixo "O" aos ligandos aniónicos e aos ligandos neutros é como uma molécula. Por exemplo, N_3 - azido, B - bromo, ON - ciano, $C_2O_4^{2-}$ - oxalato, etc. $K_4[Ni(CN)_4]$ - tetracianoniquelato (O)- potássio; $[Al(H_2O_6)]Cl_3$ - cloreto (SH) de alumínio hexaaqua.

4. O número de ligandos pertencentes a cada tipo (mesmo que seja mais de 1) é determinado por números gregos (di-, tri-, tetra-, penta-, e hexa- são escritos, respetivamente, o número de ligandos é 2, Z, 4, 5 e 6).

Se o próprio nome do ligando tiver um sufixo grego, por exemplo, mono di-, etc., o nome do ligando é escrito entre parênteses e é-lhe acrescentado um sufixo de tipo diferente (bis-, tris-, tetrakis-, i hexakis expressos como, os ligandos são 2, Z, 4, 5 e 6, respetivamente) [CO(NH2 -CH2 -CH2 $NH_2)_3$]Cl-tri (etilenodiamina)- cloreto de cobalto- (SH).

5. O sufixo -at é adicionado ao nome dos aniões complexos. Por exemplo: $K_4[Ni(CN)_4]$ - tetracianonickelato -(O)- potássio.

6. O grau de oxidação do metal é determinado pelos números romanos entre parênteses após o seu nome. Por exemplo, em $[Co(NH_3)_5Sl]^{2+}$, o número romano (SH) é utilizado para indicar que o estado de oxidação do cobalto é igual a mais três.

Os compostos complexos apresentam isomerismo estrutural (de estado e de coordenação) e isomerismo estéreo (geométrico, ótico). No primeiro caso, um ligando está diretamente ligado ao metal através de uma ligação de coordenação em alguns casos, enquanto noutros está fora da influência de coordenação da estrutura cristalina. .

Isto pode ser facilmente verificado no exemplo do seguinte composto complexo $[CSl_3(H_2O)_6]$:

$[C(H_2O)_6]Sl_3$ é uma substância de cor púrpura

$[C(H_2O)_5Sl]Sl_2 \cdot H_2O$

substâncias azuis

$[C(H_2O)_4Sl_2]Sl \cdot 2H_2O$

Os estereoisómeros têm a mesma ligação química, mas diferem uns dos outros na sua localização espacial. Como se mostra a seguir, no composto complexo $Pt(NH_3)_2Cl_2$ - cloro - ligandos

podem ser colocadas lado a lado (a) ou em lados opostos.

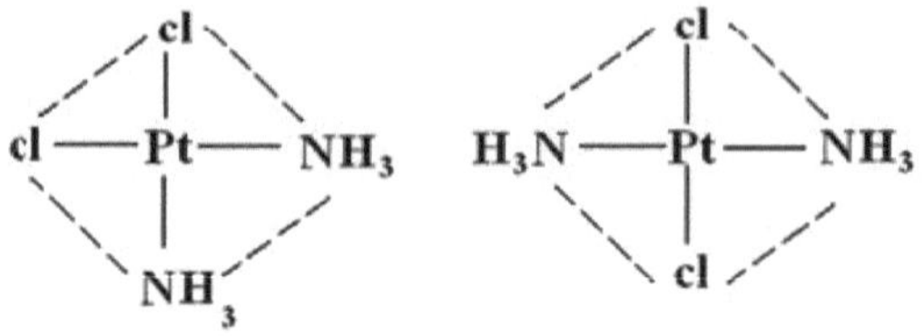

a. b.

O tipo de isomerismo que ocorre devido a diferentes posições dos átomos dadores na esfera de coordenação é designado por isomerismo geométrico ou cis- e trans.
do composto complexo $Pt(NH_3)_2Sl_2$ indicado são descritos na forma de a) cis-isómero; b) trans-isómero.
As moléculas de isómeros em que os mesmos grupos estão localizados próximos uns dos outros são chamadas cis-isómeros, e as moléculas com os mesmos grupos localizados longe uns dos outros são chamadas trans-isómeros .
Os isómeros que representam o reflexo um do outro num espelho pertencem ao tipo de isómeros ópticos . Só porque as duas mãos de uma pessoa são muito parecidas, não se pode dizer que sejam muito adequadas uma para a outra. As propriedades físicas e químicas dos isómeros ópticos são semelhantes.

17.4. CLASSIFICAÇÃO DOS COMPONENTES COMBINADOS COMPLEXOS DE ACORDO COM A DISSOCIAÇÃO.

A estabilidade dos compostos complexos depende de muitos factores. Nestes compostos, a estabilidade dos círculos externo e interno é diferente. O ião complexo no círculo externo está ligado por forças electrostáticas e é facilmente separado em soluções aquosas. Esta dissociação é designada por dissociação primária e ocorre completamente como nos electrólitos fortes. Os ligandos na esfera interna estão fortemente ligados ao átomo central e são separados em menor grau. A dissociação na esfera interna de um composto complexo é chamada dissociação secundária .
$[Ag(NH_3)_2]Sl$ - $[Ag(NH_3)_2]^+ + Sl^-$ - dissociação primária
$[Ag(NH_3)_2]^+$ -Ag^+ +2NH_3^- dissociação secundária
A dissociação secundária só pode existir quando existe um equilíbrio entre a partícula complexa, o ião central e os ligandos. A dissociação dos iões $[Ag(NH_3)_2]^+$ obedece à lei da ação das massas, como a dissociação de todos os electrólitos fracos, e é designada por constante do complexo de equilíbrio ou constante de instabilidade:

$$K = [Ag^+]^{\cdot} [NH_3]^2 / [Ag(NH_3)_2]^+ = 6{,}8 * 10^{-8}$$

A constante de instabilidade do complexo tem valores diferentes para diferentes iões complexos e indica o grau de estabilidade do complexo.
A tabela seguinte mostra a constante de instabilidade para vários complexos de prata:

Iões complexos	A constante de instabilidade
$[Ag(NO_2)_2]^-$	$1{,}Z \,.\, 10^{-z}$
$[Ag(NH_3)_2]^+$	$6.8.10^{-8}$
$[Ag(S_2O_3)_2]^{2-}$	$1 \,.\, 10^{-1Z}$

$[Ag(CN)_2]$	$1 . 10^{-21}$

A partir dos dados da tabela, a estabilidade do complexo aumenta com a transição do ião nitrato $[Ag(NO^2)_2]$ para o ião ciano $[Ag (CN)_2^-$

o ião $[Ag (CN)_2]^-$ é muito estável, não se forma precipitação de iodeto de prata mesmo quando se adiciona iodeto de potássio à solução de sal complexo. Como o coeficiente de solubilidade do sulfureto de cumeno é muito pequeno, nota-se que o precipitado de sulfureto de prata aparece quando se adiciona sulfureto de hidrogénio.

Mais tarde, ao caraterizar a força de compostos complexos, foi proposto chamar a quantidade de constante de decisão de barra, que é o inverso da constante de instabilidade. Entre eles estão os seguintes rácios:

Por exemplo $K_{estável} = 1 / K_{estável}$

$[Ag(NH_2)_2]$ A constante de estabilidade do ião é expressa como

$$K_{bark.} = 1 / K_{free} = 1 / [Ag(NH_3)_2]^+ / [Ag^+]^- [NH_3]^2$$

A dissociação gradual dos complexos ocorre em soluções de electrólitos fracos, por exemplo, em ácidos polibásicos .

Foi provado na prática que a constante de estabilidade depende do átomo central e dos ligandos de muitas maneiras. Em complexos com iões centrais fracamente polarizados (metais alcalinos e alcalino-terrosos), foi determinado que a estabilidade aumenta devido ao reforço do acoplamento eletrostático entre o ião central e os ligandos. . Estes catiões formam complexos um pouco mais estáveis com ligandos que contêm pequenos elementos periódicos (oxigénio, azoto) e iões y-.

Os catiões formados por metais da família da platina, iões de mercúrio, prata e ouro (em que a polarização se manifesta fortemente e a ligação entre o átomo central e os ligandos é próxima de uma ligação covalente) e os complexos - formados com ligandos ligeiramente polarizáveis - são algo estáveis. ladi Os ligandos que contêm iões I de átomos de fósforo e enxofre podem ser um exemplo destes. Os complexos que podem substituir rapidamente os seus ligandos são chamados lábeis e os permutadores de qi yin são chamados complexos inertes. A diferença entre complexos lábeis e inertes é determinada não pelo estado de equilíbrio, mas pelo contrário, pela taxa de equilíbrio formada como resultado da reação em que os ligandos são trocados.

Considera-se que a maior parte dos compostos complexos se forma devido à atração eletrostática de Shuv entre o ião central do metal e o anião do ligando ou a molécula polarizada. Para além das forças repulsivas, existem também forças repulsivas electrostáticas entre ligandos com cargas semelhantes. Como resultado, forma-se um grupo de átomos estáveis (iões) com baixa energia potencial.

A teoria da formação de compostos complexos foi desenvolvida pela primeira vez por V. Kossel e A. Magnus nos anos vinte do nosso século. Os cientistas compararam os iões a esferas esféricas carregadas não deformáveis e sugeriram que as partículas se ligam umas às outras de acordo com a lei de Coulomb. O ião que forma o complexo atrai tanto o ião de carga oposta como a molécula polar. Por outro lado, quanto mais partículas estiverem reunidas em torno do ião central, maiores serão as forças de

repulsão mútua entre as partículas que formam o complexo. Com base nas suas experiências, Kossel e Magnus calcularam a energia de ligação entre ligandos e agentes formadores de complexos. Assim, à medida que o número de ligandos aumenta, as forças de repulsão mútua entre eles aumentam, o que leva a uma diminuição da força do complexo.
mostra os números de coordenação dos complexos iónicos com cargas diferentes, sendo os complexos com uma única carga considerados mais estáveis:

Número de sequência	Agentes complexantes (iões)	Número de coordenação
1.	Carga única	2.4
2.	Carregadores duplos	2,4,6
Z.	Tarifas triplas	2,4,6,8

Assim, os conceitos electrostáticos explicam a formação de compostos complexos, ajudam a clarificar teoricamente o seu grau de resistência e, em certa medida, explicam os números de coordenação definidos. Mas considerar os complexos como agregados, como esferas carregadas não deformáveis, é um modelo grosseiro, pelo que estes conceitos não conseguem explicar muitas das suas propriedades únicas. Por exemplo, estes conceitos não conseguem explicar a estrutura plana de vários complexos com número de coordenação igual a quatro (Pd^{+2} , Pt^{+2} , etc.). Se for entendido de acordo com o modelo de esferas carregadas, seria energeticamente mais fácil dispor quatro ligandos de forma tetraédrica aqui.
Os conceitos electrostáticos não foram capazes de explicar as propriedades magnéticas dos compostos complexos.
Atualmente, são utilizados métodos químicos quânticos para explicar e calcular as ligações químicas em compostos complexos. Neste caso, utiliza-se o método das ligações de valência da formação de complexos e a teoria do campo cristalino.
PERGUNTAS SOBRE O AUTOCONTROLO:

1. Que compostos são designados por compostos complexos?
2. O que é a esfera interna de um composto complexo?
3. Qual é a esfera exterior de um composto complexo?
4. O que são ligandos?
5. Qual é a estrutura dos compostos complexos?
6. Dar uma breve informação sobre a teoria de Vener.
7. Quais são os números de coordenação dos compostos complexos?
8. Qual é a natureza das ligações químicas em compostos complexos?

REFERÊNCIAS

1. Axmetov N.S. obshaea I neorganicheskaya ximiya,-M.: Visshaya shkola, 2002.
2. Barnard A. Teoriticheskie osnovi neorganicheskoy ximii.-M.: Mir, 1968 3. Glinka N.L. Obshaya ximiya.-L,:Ximiya, 1982.
4. Gordon A., Ford R. Sputnik ximika. Fiziko-ximicheskie svoystva, metodiki, bibliografii (spravochnoe posobie). - M.:Mir. 1976.
5. Kotton F., Uilkinson Dj. Sovremennaya neorganicheskaya ximiya. CH. 1-3. - M.: Mir. 1979.
6. Poling L., Poling P. Ximiya. - M.: Mir. 1978.
7. Remi G. Kurs neorganicheskoy ximii. T. I -II. - M.: Mir. 1966.
8. Figurovskiy N.A. Otkritieelementov n proisxojdenie ix nazvaniy. - M.: Nauka. 1970.
9. K.M.Ahmerov, A.Jalilov, R.S.Sayfitdinov. Umumiy va anorganik kimyo, T., "O'zbekiston", 2006.
10. N.A.Parpiev, H.Rahimov, A.G.Mufiaxov. Anorganik kimyoning nazariy asoslari. T., "O'zbekiston", 2002.
11. N.A.Parpiev, A.G.Mufiaxov, H.R.Rahimov. Anorganik kimyo. T., "O'zbekiston", 2003.
12. H.R. Raximov. Anorganik ximoya. Oliy o'quv yurt. Ximiya ixtisosligi bo'yicha ta'lim oluvchi stud, uchun darslik. Qayta ishlangan to'ldirilgan 2- nashri. T. "O'qituvchi", 1984.
13. А.И.Горбунов. Теоретические основы общей химии. М.,2001.
14. ДЛКнязев. Неорганическая химия:учеб.для ВУЗов /Д АКиязев, С.Н.Смарыгин. - 3-изд.испр. - М.Дрофа, 2005.
15. B.Sh. Omanov. Aulas de laboratório em química geral Guia de estudo. Guia de estudo. República da Moldávia. Europa. novembro de 2022. ISBN: 978-6205-50861-9

MIX
Papier aus verantwortungsvollen Quellen
Paper from responsible sources
FSC® C105338

Printed by Books on Demand GmbH, Norderstedt / Germany